〔韩〕申龙澈 著
千日 译

团结出版社

图书在版编目（CIP）数据

酵素让你皮肤好，变苗条，不易老：风靡韩国的DIY酵素制作全书／（韩）申龙澈著；千日译．—北京：团结出版社，2014．9

ISBN 978-7-5126-3065-9

Ⅰ．①酵…　Ⅱ．①申…　②千…　Ⅲ．①微生物—发酵—基本知识　Ⅳ．①TQ920.1

中国版本图书馆 CIP 数据核字（2014）第 193204 号

出　版：团结出版社
（北京市东城区东皇城根南街 84 号　邮编：100006）
电　话：（010）65228880　65244790
网　址：www.tjpress.com
E-mail：65244790@163.com
经　销：全国新华书店
印　刷：北京盛新瑞利全印务有限公司

开　本：965 × 1270　1/24
印　张：10.5
字　数：160 千字
版　次：2014 年 9 月　第 1 版
印　次：2014 年 9 月　第 1 次印刷

书　号：ISBN 978-7-5126-3065-9
定　价：49.80 元

序言

人刚出生到这个世界上的时候，都具有纯洁的灵魂和干净的身体。但是随着年龄的增长，我们的身体会自然地出现老化的现象，现在，环境中各种有害物质的侵害还会不断加剧这种老化。但是这种人为的老化因人而异，除了有害环境的影响之外，不珍惜自己的身体最终毁了健康的例子也不少。编写这本书的作者也是其中之一，年轻的时候烟酒过度，饮食不规律，导致刚步入中年，身体各个器官就开始出现异常。刚开始的时候还不太在意，结果身体状况日益恶劣，甚至达到了再放任不管就无法过上正常生活的地步！不得已去了医院，但是医生们都说这是体质的问题，除了改变生活习惯之外也拿不出什么特别有效的处方。

为什么我的身体会变得这么不好呢?

其实原因再清楚不过了。过度饮酒和吸烟、不规律的饮食和睡眠、疲劳和压力、过度地摄取肉类和被污染的食材……几乎日常生活中的一切都成为了损害身体健康的原因。如果想要挽回已经失去的健康，只有回归健康的生活方式。而很明显，这不是一朝一夕就能做到的事情。

为了应对这项长期的斗争，我首先戒了烟和酒，然后开始认真地搜集有关健康生活的信息。毁掉自己身体健康的人是我，而挽回健康的人也只能是我。在这个过程中，我遇到了让我非常开心的伙伴，这个伙伴就是酵素！

我第一次对酵素产生兴趣是在1990年初，那个时候，有关酵素的信息并不多。网络也不像现在这么发达，有关酵素的书籍也是少之又少。为了能够学习有关酵素的知识，只能去请教食品营养学的专家或者寺庙中长期坚持素食的僧人。虽然经历了很多困难，但是我未曾停下求索的脚步。知道得越多，就越是被酵素的魅力所吸引。

对酵素有了一定程度的了解之后，我开始亲自制作各种酵素，并且用自己的身体对这些酵素的功效进行了验证。目前我已经制造过100种以上的酵素，并对其效果都进行了最真切的体验。在这个过程中，我的身体神奇地恢复了健康。如今，我的日常生活中已经不能没有酵素，本人也成为了名副其实的“酵素专家”，对酵素的热爱达到了无法想象的程度。

酵素并不是能治百病的灵丹妙药

并不是说我能重新找回健康，全部都是倚靠酵素的作用。最根本的原因还是我戒掉了烟酒，将自己的不良生活习惯进行了大幅度改变。而酵素只是在这个艰难的过程中，成为了我最重要的同伴而已。

不久前，酵素的功效已经通过各种大众媒体被广泛地传播。对于每天都离不开酵素的我而言，这确实是一件令人非常开心的事情。但是，在那些有关酵素的报道中，存在着很多让人非常担忧的事情。比如，癌症患者吃了某种酵素之后就完全康复了；只要吃了酵素，孩子的过敏性皮肤就能立刻治愈，这些对于酵素的种种过度宣传令人非常担忧。虽然我完全同意酵素是守护健康的优质饮食，但是读者们也必须要清楚一点，那就是酵素并不是能够治疗百病的灵丹妙药。

对我们的身体有益的酵素，
到底该从什么地方得到呢？如何得到呢？

最简单的方法就是花钱买。现在有很多制造并销售酵素的公司，报纸上宣传酵素产品的广告铺天盖地，电视上的家庭购物节目中也会经常看到酵素产品的身影。

由企业制造并销售的产品，看起来会比个人制造的更有信赖度。使用上好的材料，在有利于发酵和熟成的环境中制造，并有专家对生产过程进行指导。所以，这种酵素发酵液大部分还是值得消费者信任并且购买服用的。但是，这种酵素的价格一般比较昂贵，如果长期服用的话，价位确实过高。而且，无论怎么强调“无菌的环境“和”纯天然的材料”，消费者也很难百分百地确信其原材料的好坏程度，同时出于长期储存的需要，其未添加任何添加剂的承诺很难百分百相信。能够确保整个制作过程的方法只有一种，那就是自己亲手制作自己身体所需的酵素！

制作酵素所需的材料，主要是纯天然的有机农产品，生活在城市里的人们只要去市场或者超市购买就可以了。而且，制作的过程也比想象的要简单。虽然有可能会出现一两次失误，但是只要认真地实验几次，很快就能掌握不败的技巧。

亲手制作酵素才是最值得信赖的方法，也是价位最低廉的方法。摆脱那种制作酵素需要居住在农村，因为要使用大缸、还要埋到洞里的可笑想法吧！即使在市中心的公寓中也完全可以制作酵素，并不需要什么特殊的道具。我们日常生活中经常吃的水果和蔬菜全部都可以用来制作酵素。用来进行发酵和熟成的小坛子，在任何一家超市都可以买到，剩下的大部分是家庭厨房中经常使用的工具。

利用容易购买到的材料，在公寓中轻松地制作和储藏酵素，就是这本书的主要内容。这些方法，都是我自己在酵素制作的过程中慢慢领悟到的，其失败和成功的秘诀全部记录在这本书中。通过这本书，读者们能够很轻松地掌握制作酵素的方法。希望本书在营造健康生活方面能够对大家有所帮助！

目 录
contents

2
SPRING
春季制造的酵素

3

SUMMER

夏季制造的酵素

4

AUTUMN

秋天制造的酵素

ENZYME

我们的身体离不开的朋友——酵素的故事

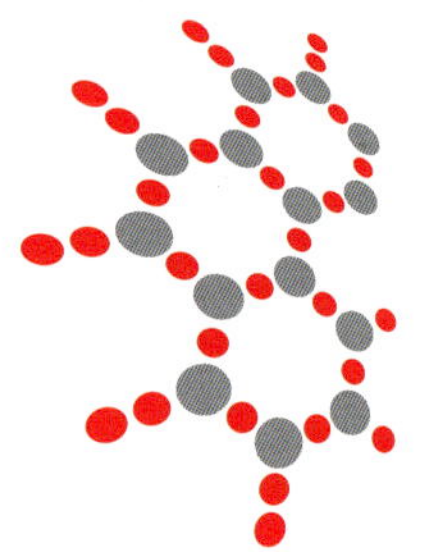

酵素——维持生命的基础

酵素，也就是我们通常所说的“酶”（enzyme），在词典中的解释是“能够促进生物体内化学反应的蛋白质物质”，仅通过这么简单的定义，我们就能得到很多有关酵素的信息。首先映入我们眼帘的是“生物体内”这几个字，实际上，所有的生物体内都包含了酵素。我们通常了解到的酵素，是指经过了发酵与熟成过程之后的酵素发酵液，或者是工厂中生产的谷物发酵食品。

酵素是由蛋白质分子构成的，所以其机能在很大程度上会受到温度或者是Ph等环境因素的影响。首先，所有酵素都是只有在特定的温度范围内才会非常活跃。科学研究证明，大概在35~45℃的时候，其机能是最为活跃的。温度达到100℃时，所有酵素都会失去其机能。所以，无论是多么富含营养物质的有机蔬菜，如果放到热水里煮的话，酵素就会流失。即使是大酱等发酵的食品，如果煮成汤或者加热后食用的话，也不会产生任何补充酵素的作用。

酵素的定义中，最后需要我们关注的是“促进化学反应”。无论是植物，还是动物，其维持生命的一切代谢过程都是化学反应的过程。植物的光合作用也是化学反应的一种，我们吃完食物之后的消化和分解，获得身体所必须的能量的过程，也是连续的化学反应的过程。在这个化学反应过程中，承担催化剂作用的就是酵素。催化剂就是像大家所熟知的那样，“在自己本身不会发生变化的前提下，有助于别的物质发生改变的物质”。在人体内部发生的所有化学反应中，承担催化剂作用的物质就是酵素，如果没有酵素的话，这些化学反应就会进行得非常缓慢，或者根本就不会发生，从而导致生物体无法继续存活下去。

生物体内部发生的化学反应，可谓是数以万计。

在多种化学反应中，起到催化作用的酵素也数以万计。酵素的种类之所以有如此之多，原因是一种酵素所能产生的功能只有一种或者是类似的几种而已。比如，唾液中含有的名为唾液淀粉酶的酵素，在将绿豆淀粉分解成麦芽糖的时候，就会起到催化剂的作用。除此之外，它没有其他别的作用。胃中名为胃蛋白酶的酵素，具有水解蛋白质的功能，同样，它也不具备其他的功能。所以，一种酵素只会在一种化学反应中起到催化剂的作用，这种性质叫做“底物特异性”。这里所说的底物，是指受到酵素的影响后反应的速度加快的物质，也就是承受酵素催化作用的物质。酵素和底物就像锁头和钥匙一样，在空间立体结构方面吻合的时候才会结合，底物会被催化，产生化学反应。

大部分的酵素只存在于自己制造的细胞内，由于酵素的外形无色透明，所以只能通过电子显微镜才能看到。

酵素会随着血液流动，或者在内脏细胞中参与到其他的事情当中，比如，生命的诞生、成长、发育、维持和消亡等。如果没有酵素的话，我们连一天都无法生存。

虽然酵素具有非常重要的功能，但是，我们的身体也不会无限制地生产酵素。

由于老化等多种原因，我们体内制造酵素的能力会越来越低。酵素在我们体内承担的作用中，最具代表性的机能就体现在消化过程中。越是年老的人，消化能力就会越差，那是因为与这个过程有关的酵素越来越稀少的缘故。人会变老，也会生病，虽然这种现象是受多种原因的影响而产生的，但是，简而言之，就是与酵素全面减少有关。当我们体内的酵素非常充足，能够很好地完成任务时，我们的身体就能维持健康和青春。如果酵素不够而无法充分地完成任务的话，我们的身体必然会衰老和生病。

补充酵素最有效的方法中，
有一种方法是制造酵素发酵液，然后经常服用。

通过酵素发酵液补充体内酵素的不足，可以促进我们身体的新陈代谢，并且维持体内健康的机能。在日常生活中，酵素可以当做饮料喝，也可以当做料理的调料来使用。

除了饮用酵素发酵液的方法之外，也有能够大量地吸收酵素的方法。就像之前说过的那样，酵素除了在人类的体内存在之外，也存在于其他所有种类的动植物体内。谷物、水果、蔬菜和肉类等食物中包含着各种不同种类的酵素，问题是酵素非常不耐热，所以在加热过程中，大部分都会被破坏掉。因此，只有大量地摄取没有经过蒸煮的新鲜水果、蔬菜、天然原生草药和发酵食品，才能在补充酵素方面有所帮助。

现代人总是在食用在烹饪的过程中酵素已经被破坏的食物，或者是重复吸收加工食品和速食中的添加物，而且由于食物的速生栽培和农药等污染，也使得缺乏酵素的食品不断增多。再加上环境污染引起的各种有毒物质和日渐加大的生活压力，就会造成我们身体所必需的酵素越来越缺乏。而解决这种问题的对策是，利用那些富含酵素的食材制造出酵素发酵液，然后在日常生活中长期摄取。

消化酶和代谢酶

目前，人们知道的酵素种类已经超过了2000种，而且陆续还有新的酵素被发现。如此种类繁多的酵素，它们的分类方法也有很多种。按照其机能和作用，酵素大体上可以分为消化酶和代谢酶两种。

顾名思义，消化酶是指与消化过程有所关联的酵素。我们每天都会摄取食物，然后再将这些摄取到的食物进行消化，吸收其中的营养成分，从中获得能量。所以，消化是维持生命活动的必要机能，而帮助消化过程的催化剂就是消化酶。如果没有消化酶的话，我们吃进去的食物就无法被消化，从而导致我们无法维持生命。如果人体内缺乏消化酶的话，无论吃多少对健康有益的食品，营养成分也无法被吸收。之前介绍过的唾液淀粉酶和胃蛋白酶就属于消化酶。

代谢酶能够分解、合成和排泄我们摄入体内后被消化的营养物质，也就是说，代谢酶是对物质代谢方面有所作用的酵素。包括人类在内的所有生命体，都是从外界吸收特定的物质，并利用这些物质合成、分解自身所需要的新物质，并且通过这个过程获得生命活动所必须的能量。而且还会排泄这个过程中出现的副产物或者是

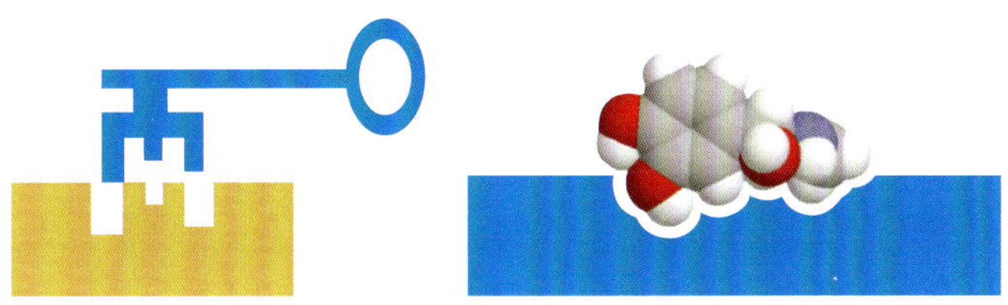

酵素的锁钥模式

体内产生的排泄物，以便维持正常的生命活动。这种物质代谢的过程中，只要其中的任何一个环节出现了异常现象，我们原本健康的身体就会受到破坏。

如此重要的代谢过程必须要有酵素的帮助才能进行。目前已经被发现的酵素中，其中有1300余种能够促进我们身体的新陈代谢，还有助于治愈疾病或者帮助伤口愈合，并且能够提高对异物的免疫力，还能在净化血液的同时分解脂肪。如果我们的体内不存在代谢酵素的话，那么原本在我们体内进行的代谢活动就无法继续正常进行，我们的健康就会受到巨大的威胁。我们将这种包括呼吸在内的一系列代谢活动停止的状态叫做死亡。

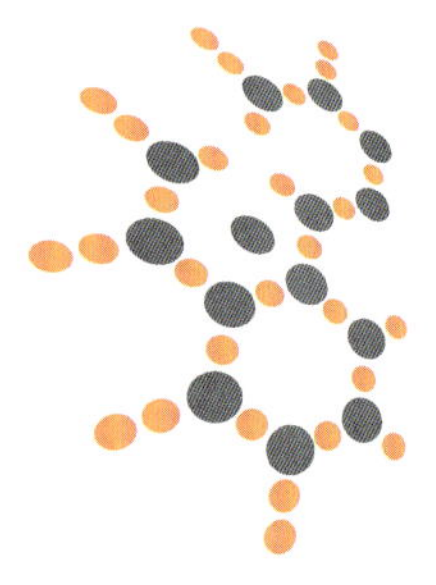

发酵液、发酵提取液和酵素发酵液

利用砂糖使蔬菜、水果和天然原生草药发酵，然后从中提取液体，这些液体可以分为发酵液、发酵提取液和酵素发酵液三种。比如，仅仅腌制梅子，也能制造出梅子发酵液、梅子发酵提取液或者是梅子酵素等。

那么，发酵液、发酵提取液和酵素发酵液这三者间的差异是什么呢？作者按照其用途、发酵的时间和保管方法，做出了以下的分类。

首先，发酵液最大的特点就是能够享受到最新鲜的口感。食材熟成到这个阶段后，要立刻阻断持续性的发酵过程，以保持目前的口感。所以，最好是在短时间内结束发酵及熟成过程，放入冰箱中保存为佳。

发酵提取液的特点是非常爽口。使用的主材料在口感上没有发生太大的变化，而且还包含着适当量的发酵菌，所以在这三种发酵液中，发酵提取液是最受大众欢迎的。既有发酵液的新鲜度，也有酵素发酵液的药性，这也是发酵提取液的一大特点。为了维持最佳的口感和适当数量的发酵菌，也需要短时间内结束熟成的过程，然后放入冰箱中保存。

发酵液的种类	发酵时间	熟成时间	熟成后的保存温度	用途
发酵液	30日	5日	冷藏	料理
发酵提取液	100日	15日	冷藏	料理、饮料
酵素发酵液	180日	180日	冷藏或者室温	料理、饮料、药用

酵素发酵液的特点是口感香醇。由于没有将使用的主要材料过滤出来，在这样的情况下持续6个月的发酵时间，所以形成的发酵液口感非常香醇，本身的药性也很高。制造酵素发酵液之后剩余的材料，还可以在腌制酱菜的时候使用，可使腌制出来的食物口感更浓。即使已经经历了长达6个月的发酵时间，但是为了能够持续性地发酵和熟成，在室温下保存和食用效果最佳。

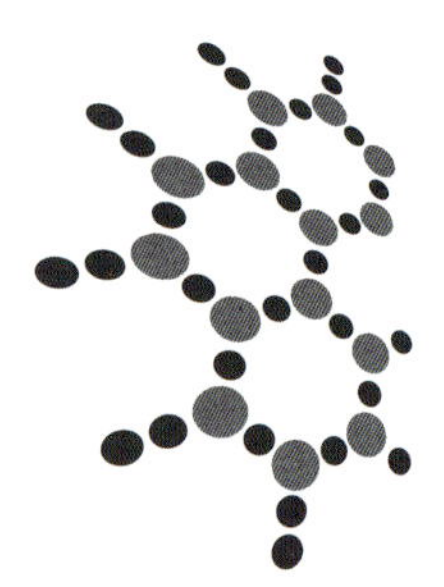

制造酵素的10step

制造酵素的时候，根据使用的材料和制作时间的不同，具体的步骤也会稍有不同。不同的材料制造酵素的过程留到下一章详细讲解，在这里主要讲解的是制造酵素的基本过程，可以当做是制造所有酵素的最基本的公式。

Step 1 准备主要材料

蔬菜、水果和野菜等是制造酵素的主要材料，而这些材料最好是生长在干净的环境中，或者是无污染的有机农产品。

准备好主要材料之后，接下来就需要准备制作过程中会用到的工具了。需要准备的工具有：装材料和砂糖的容器、菜板和刀、木盆、布块或者是高丽纸（用桑树皮制造的白色绵纸，质地坚韧，多用来糊窗户，类似熟宣，淘宝有售）、绳子等。所有的工具都要用水进行消毒，并且保持干净。用来进行发酵的容器最好是玻璃容器。也有人非常固执地想要使用坛子，但是在大城市公寓的室内阳台进行发酵，如果有液体从坛子的封口处溢出的话，会比较麻烦。

step 2 加工主要材料

需要用到的主要材料，都要认真地尽最大努力进行清洁。根据材料的不同，清洗的方法也会有所不同，特别是需要连根一起进行腌制的材料，一定要格外用心地进行清洁。

如果材料体积过大的话，可以适当地切小点。只有这样，腌制的时候才会比较方便，而且发酵的效果也能更好。将切好的材料装入容器之前，需要做一件非常重要的事情，那就是最大限度地减少材料中的水分。因为材料中含有的水分，会成为发酵过程中出现腐烂现象的原因。但是如果为了消除水分，用吹风机的热风进行烘干的话，会破坏材料中含有的酵素，所以这是绝对不可以的。

step 3 准备砂糖

选择砂糖时，可以根据个人的喜好选择各种不同的种类，参考下一章中讲解的“砂糖的种类和作用”进行选择就可以了。作者利用白砂糖、红糖、黄糖、蜂蜜和低聚糖等不同的糖分制造过酵素，其中利用白砂糖制造酵素的效果是最无可挑剔的。

清除材料表面的水分之后称重，然后准备同等重量的砂糖。材料和砂糖的比例通常情况下都是1 ∶ 1，如果担心会出现腐烂现象的话，可以增加10%的砂糖量。

step 4 腌制

确定好要腌制的材料和砂糖的量之后，就把它们全部都装入容器里面。如果像梅子这种很小的水果，水果和砂糖要交错着分层放入。如果是蔬菜、野菜或者是比较大的水果的话，要先切成适当的大小之后在木盆中搅拌，使材料和砂糖充分均匀地混合在一起，然后再放入容器里面。需要注意的是，只把事先准备的60%的白砂糖与材料混合放入容器中，剩下的40%要在最后的时候再全部放入容器里，覆盖在材料上面。装满容器空间的80%左右是最适当的。

step 5 封口，然后贴上标签

东西全部都装进容器之后就要封口，如果是有螺纹式盖子的容器，应先把盖子拧紧，然后再稍微往回拧一点。这样一来，在发酵过程中出现的气体就能被释放出去，而果蝇之类的虫子也进不去。如果没有螺纹式的盖子，就用布块或者是高丽纸进行密封，然后用绳子绑紧。

封完之后要在容器上标好材料名和药性，以及腌制的日期等内容。这样才能准确地掌握发酵及熟成的过程和时间。

step 6 初期管理（15日）

当最上方的砂糖溶解了一半左右的时候，为了能够使沉淀在下方的砂糖也能溶化，每天都需要上下晃动容器。这个过程要一直持续到所有的砂糖都溶化为止，通常需要经历15天左右的时间。

step 7 第一次发酵阶段（6个月）

当容器中出现发酵液之后，要把材料完全地浸入发酵液里面，可以每周进行搅拌，直到发酵结束为止。搅拌时要使用木质或者是塑料材质的干净的工具。当出现酵素发酵的现象时，根据不同的材料的特性，有的时候会出现泡沫，发酵液也会出现量上的差异。这些都不用担心，只要按照正确的比例进行腌制，接下来只需要耐心地等待就可以了。

step 8 **过滤**

腌制了6个月之后，就要把里面的材料过滤出来，过滤之后的发酵液就在容器中开始进入熟成的过程，过滤出来的材料不要扔掉，制造各种食物的时候可以循环使用。

step 9 **发酵和熟成（6个月）**

过滤后的发酵液须经过6—9个月的熟成过程，我是通过6个月的时间进行熟成之后开始饮用的。

整个发酵和熟成的过程，只需要12个月左右的时间就可以了。

step 10 **储藏和饮用**

酵素发酵液的储藏原则是要在室温下储藏。相反，发酵液和发酵提取液需要冷藏。经过12个月的发酵和熟成的酵素发酵液饮用的时候，酵素和水通常按照1 ∶ 3的比例进行混合。如果觉得太甜或者是香气太浓的话，再根据自己的口味加水就可以了。

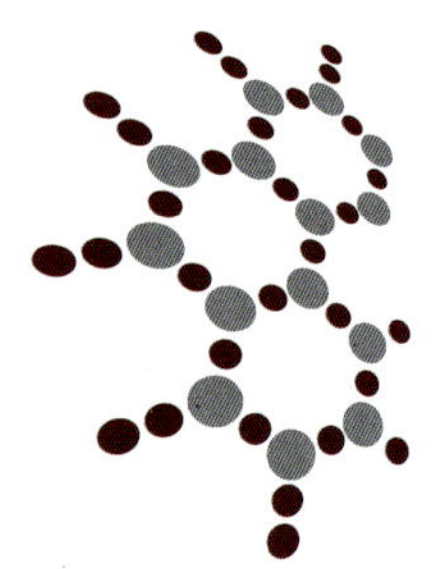

砂糖的作用和种类

在家中亲手制作酵素的时候，很多人都会遇到有关于“砂糖”的疑问。想要制造出酵素发酵液，我们选择的主要材料要发酵才行。为此就需要加入糖分，因为仅靠大部分材料中自身含有的糖分是不够的，所以才会通过人为的方法加入大量的糖分。这个时候，最常使用的糖分就是红糖、黄糖和白砂糖。

糖分和主要材料之间会形成渗透压，此时，材料中有益的营养成分和汁液就会流出来。而糖分就会溶解到汁液中形成酵素发酵液，在这个过程中，植物中含有的微生物就会以糖分为食进行旺盛地繁殖，起到促进发酵的作用。在发酵的过程中，糖分会成为各种微生物的食物，被还原为甘蔗中含有的天然果糖的形态。在这个过程中，还包含了科学还未能明确解释的微妙的分解现象，也就是说，最后的发酵液中含有的糖分与之前加入的糖分的种类是不同的，所以酵素发酵液与那些对人体有害的单纯的糖水是完全不同的。

那么，随便选择什么糖分都可以吗？从营养学的角度进行分析的话，无论是蜂蜜还是白砂糖，被人体吸收之后，对人体产生的影响并没有太大的差异。但是，根据选择的糖分种类的不同，发酵液的口感、香气、色泽和保存性能上的确会有所

不同。以红糖为例，红糖有很强的固有的香气，而且颜色较深。所以在酵素发酵液中，红糖的颜色和香气会很明显，但酵素溶液的保存性能较弱，容易变质。黄糖的香气和颜色会比红糖淡一些，酵素溶液的保存性能中等。白砂糖无色无味，不会夺走食材本身的香气，而且在保存性能方面非常好，这就是白砂糖的优点。蜂蜜、低聚糖等其他糖分在保存性能方面也较弱。所以，除非是制作快速饮用发酵液，作者认为还是使用白砂糖为佳。

糖分的种类	糖分的颜色	糖分的口感	糖分的香气	保存性能
红糖	强	强	强	低
黄糖	中	中	中	中
白砂糖	无	无	无	上
有机农原糖	中	中	中	中
低聚糖	中	中	中	低
蜂蜜	中	中	中	低

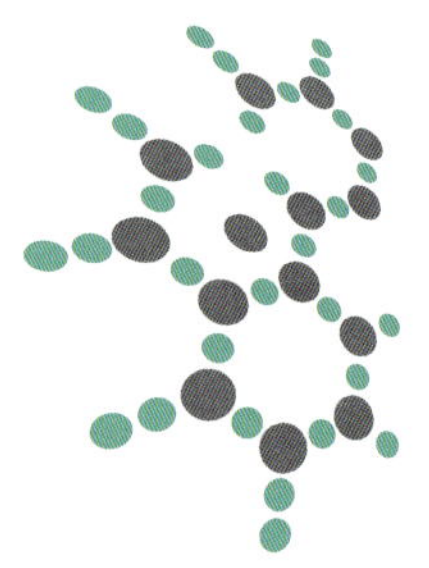

准备主要材料的注意事项

制造酵素的过程中最核心的一点，是选择优质的材料。

制造酵素发酵液最好选择无污染的蔬菜、水果、野菜等。但是，对于生活在城市中的人而言，寻找这种材料本身就不是一件简单的事情。最好是去专业的农场或种植园购买新鲜采摘的有机农作物，如果不具备这样的条件，至少也要挑选超市中标明为有机绿色蔬菜的食材，优质的材料是制作优质酵素的第一步。

主要材料准备好之后，首先就要把它清洗干净，清洗完毕之后要最大限度地清除表面的水分。

如果一开始没有清洗干净，或者是没有彻底清除表面的水分的话，日后必然会出现一系列的问题，发酵液的口感和香气也会出现变化。所以千万不要忽略清洗和烘干的过程！

首先要用清水冲洗两三次，然后在干净的水中浸泡10分钟，最后再彻底清洗干净。只有浸泡后再清洗，才能把表面的灰尘和泥土以及异物洗干净。如果是连根的蔬菜，要在水中浸泡更长时间，才能把沙子、泥土等异物洗干净。

有时候也会出现食材采集后过了几天才用来制作酵素的情况，比如在超市中购买的食材，通常已经采摘了一段时间，在这种情况下就要提前浸泡30分钟左右，然后再清洗。这样做也是为了让材料能够重新吸收一些水分。只有材料的水分非常充足，才能很好地进行发酵，发酵液的量也会多一些。

为了清除表面残留的农药，有的人会利用盐或者是食用醋进行清洗。这在日后材料发酵的过程中，会成为发霉的原因，也会成为酵素液钠含量增加的原因。所以，不要使用食用醋、盐或者是清洗剂，只用干净的清水多清洗几次。

把清洗干净的材料放入筐子里，晾干表面的水分。但是绝对不可以采用加热烘干的方法。因为酵素不耐热，一旦受热就很容易被破坏。

当材料表面的水分干了之后，为了能够方便装入容器当中，最好是切成适当的大小。叶子或者茎梗等切成2 ~ 3厘米长，水果也按照2 ~ 3厘米的大小切。这样一来，材料和白砂糖接触的面积会更大，更有利于材料进行发酵。

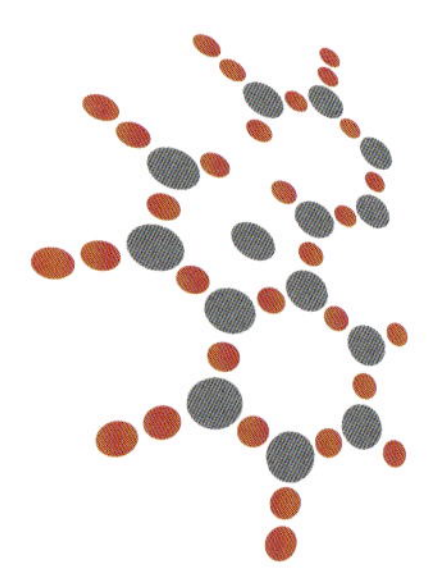

腌制过程中的注意事项

这个过程中要做的主要是将已经切成小块的材料与白砂糖均匀地混合好，然后放入容器中。混合材料和白砂糖大体上有两种方法，一种是在发酵容器中将材料和白砂糖以千层饼的形式一层一层地交叠放入，还有一种方法是将材料和白砂糖放入一个较大的盆里搅拌均匀，然后再放入发酵容器中。

覆盆子、桑葚和五味子等较小且容易烂的水果直接叠放入发酵容器中就可以了。叠放之前先留出40%的白砂糖，然后把剩下的60%的白砂糖和材料一层一层地叠放入容器当中。最后将先前预留的40%的白砂糖覆盖在最上面，然后将表面铺平即可。

梨、苹果和李子等较大的水果，切成适当的大小之后，放入较大的盆中与60%的白砂糖搅拌均匀，然后放入发酵容器内，将剩下的40%的白砂糖覆盖在最上面，然后将表面铺平即可。这就是整个腌制的过程。非常简单吧？

将剩下的40%的白砂糖覆盖在最上面是为了不让材料与空气有所接触。在搅拌材料和砂糖的时候，如果出现材料碎掉的现象，就会导致酵素发酵液变得浑浊，所以搅拌的时候一定要注意力度不要太大。

装入发酵容器中的材料和砂糖，要稍微用力挤压，使其尽可能地紧贴在一起，减少缝隙中的空气量。这样一来，材料和砂糖才能充分地进行接触，初期发酵才能进行得更加旺盛，而且还能预防中间层容易产生霉菌的现象。

很好地搭配砂糖和主材是腌制过程中的重点。

将材料和砂糖全部装入容器内之后，一定要盖紧容器盖子，在这个过程中很多人会出现失误。最常见的失误是，为了完全切断与空气的接触，会将盖子拧得非常紧。但是这样一来，发酵过程中出现的气体就无法排出去，很有可能会导致容器爆炸。但是也不能因为这个而完全不使用密封式的容器，或者是随便地盖一下盖子，那样很容易导致果蝇进入容器内，从而引起不卫生的情况发生。所以要让发酵容器保持一种内部的气体可以排出，但是外部的果蝇却进不去的状态。

最简单的方法就是使用有螺纹式盖子的玻璃瓶。因为将这种螺纹式的盖子拧得非常紧之后再往回稍微松一点儿，不仅可以使容器里面的气体排出，还可以防止果蝇进入。而且这种容器本身就是透明的，所以我们还能观察到发酵过程中容器里面的气体是否膨胀，并通过调整盖子的方式进行调节。

如果发酵用的容器没有螺纹式的盖子，而是坛子或者是其他容器的话，那么就要使用高丽纸或者是布块封住容器口，然后用绳子将容器口绑得密不透风。至此，腌制的主要过程就已经结束了。剩下的就是在容器上贴标签了。标上材料的名称、制造酵素的日期、需要过滤的日期和材料的药性等内容。标签能够使日后的管理过程更加便利。

初期管理和第一次发酵过程中的注意事项

腌制过程结束之后，人们置之不管的现象非常多。但是只有经常观察容器内材料和砂糖的变化，并进行管理，才能使其很好地发酵，形成优质的酵素发酵液。还有，在发酵的初期和中期，经常轻轻地挤压和搅拌材料，才能很好地预防发霉和腐烂的现象。

为了能够使发酵的过程更加顺利，也需要多注意容器所处的环境。酵素的发酵和熟成过程中最适宜的温度是20℃左右，完全可以在室温下进行。但是不可以放在温暖的地板上，也要避免阳光直射。

在春季和秋季，无论在什么样的场所发酵，基本上都不会出现问题。到了夏季，由于高温的影响，发酵的过程可能会进行得非常快速，所以一定要将容器放置在室内最阴凉的地方。冬季的时候，如果在寒冷的室外进行发酵的话，不仅无法使发酵的过程进行得非常顺畅，还会因为过低温度的影响，使容器出现碎裂的现象。

如果已经确定好了放置发酵容器的地方，
那么第二天开始就要正式进入初期管理阶段。

将15天设定为初期管理阶段，在这段期间一定要精心地进行管理。每天都要观察砂糖溶化的程度，当最上层的砂糖溶化了一半左右的时候，每天都要从上到下搅拌均匀，起到防止腐烂的作用，这是成功的核心。这个过程中要使用木制或者是塑料制的干净工具。

如果按照这个方法，在初期就进行很好地管理，大部分的酵素就不会出现发霉或者是腐烂的现象。但是根据不同的主材，也会出现失败的可能，所以除了初期的管理之外，一直到过滤之前都需要持续地进行管理才行。

经过15天左右的管理之后，受到渗透压的作用，大部分的发酵液就会形成。使材料完全沉浸在发酵液中是这个时期管理的核心内容。材料完全沉浸在发酵液中之后，其实已经没有必要进行其他的管理。但是，如果材料总是浮到液体表面的话，那么每周至少还要搅拌一次。只有这样，才能减少发霉或者是腐烂的可能性。

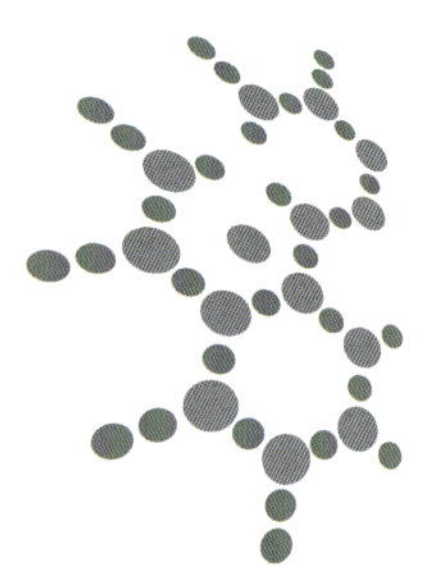

过滤和二次发酵及熟成过程中的注意事项

第一次发酵结束后，就需要把里面的材料过滤出来，仅保留里面的发酵液。这种过滤之后的发酵液，需要进行第二次的发酵和熟成的过程，才能成为真正的酵素发酵液。那么，二次发酵和熟成过程中有哪些注意事项呢？

首先，应该在何时过滤材料呢？聪明的读者一定会问这个至关重要的问题！

根据发酵液的种类不同，所需的时间长短会有所不同。而且还要视发酵者的需求而定。如果你只是想得到单纯的发酵液的话，只需要30天的时间。过了30天之后，将里面

的材料过滤出来就可以了。如果想得到更醇厚的发酵提取液的话，则要在100天之后再进行过滤，而要得到最醇浓的酵素发酵液，就要在6个月之后才进行过滤。

等待了足够久的时间之后，下面我们开始过滤吧！

过滤的时候会用到以下几种工具。首先需要准备一个保存过滤发酵液的容器，还有过滤网和漏斗。用到的容器和道具都应消毒之后再使用。过滤和转移发酵液的过程中，很有可能会混进一些异物，这会成为日后进行第二次发酵和熟成过程中出现腐烂现象的原因，所以一定要注意。

过滤后的发酵液装到另一个容器中
开始进行二次的发酵和熟成的过程

提取发酵液之后剩下的材料不要随意扔掉，现在给大家介绍几种活用它们的方法吧。

首先，它们可以用来制造酵素酒，也就是含有酵素的酒。在过滤后的固体材料中加入5~6倍左右的酒，进行3个月左右的熟成后，就会形成酵素酒。除了酵素酒之外，还可以制作酵素醋。将少量的米酒倒入剩下的固体成分中，经过3~12个月的熟成后，就会形成酵素食用醋。酵素腌菜是往剩下的固体成分中倒入酱油，然后进行大概1个月左右的熟成就可以了。还有一种是酵素茶，那就是将剩下的固体成分装入一个容器中，每次食用的时候，用热水冲开喝即可。比如，过滤之后剩下的水果固体成分也可装在其他容器中好好存放，和牛奶或者酸奶一同搅拌后食用。

提取发酵液之后剩下的固体成分具有以上多种用途，可以二次利用。如果就这么扔掉的话，实在是太可惜了。重新利用的话，它们就是很好的补品。

在二次发酵和熟成的过程中，之前没来得及发酵的部分还能继续进行发酵。通过过滤，因为异物而不稳定的发酵液会进入稳定的发酵过程，最后成为真正的发酵液。二次发酵和熟成完全结束之前，一周至少要观察一次，察看里面的变化。只有这样，才能防止有可能出现的意外腐烂现象。

酵素中出现的霉

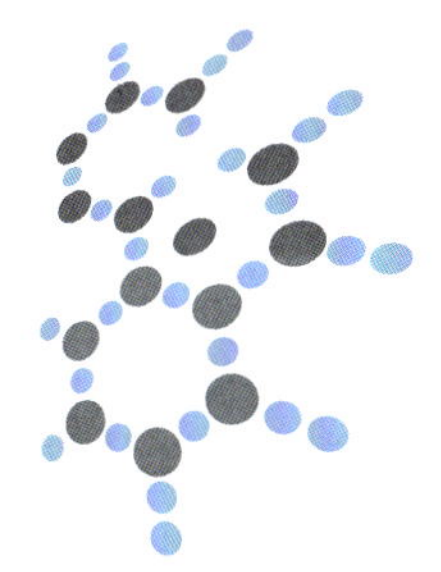

在家制造酵素的过程中，偶尔也会出现发霉的现象。常见的是白色毛绒状的霉，出现这样的现象大部分是因为初期没能很好地进行管理的缘故。白色毛绒状的霉称之为白醭，特别是用水果制造酵素的时候会经常看到这种霉。

看到这种白醭的时候，很多人会感到不知所措，甚至还有人认为前功尽弃了。特别是酵素制作的初学者们，将酵素发酵液全都倒掉的情况也不在少数。

事实上没有必要，其实只需把发霉的部分捞出去，然后继续进行发酵就可以了，就算是吃了也没关系。白醭经常出现在与空气接触的材料上，即使是经过长时间二次发酵的发酵液也有可能会出现这种现象。特别是利用柿子、桑葚、覆盆子等黏性较强的水果制造酵素的时候，这种现象很常见。

至少一周要观察一次发酵的状况，只有这样，才能在初期时及时清除白醭，所以制作酵素的过程是需要精力和关注的。

制作酵素过程中出现的白色的霉，其实在辣椒酱、大酱等发酵食品中也会经常看到。对于利用这种霉制作的芝士而言，它们反而会受到贵宾般的待遇。在家中制作的酵素也是发酵食品，所以经常会出现这种白色的霉。一旦发现，只需要立刻将

其清除出去，然后继续进行发酵和熟成就可以了。再次强调一下，不要因为出现了一点霉，就将所有的发酵液全部都倒掉。

酵素中除了白色的霉之外，有时候也会出现绿色的霉等各种其他类型的霉。这个时候只需要将长出霉的部分扔掉，然后继续进行发酵就可以了。

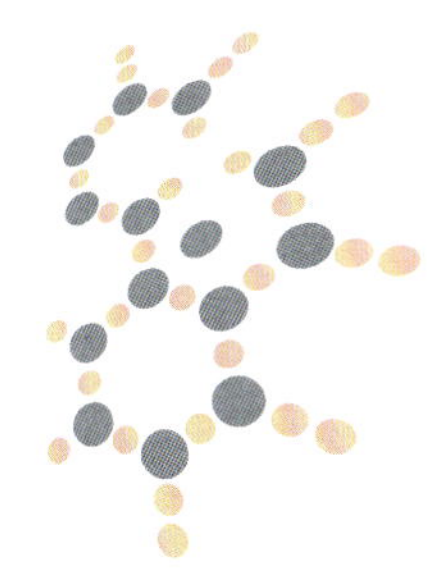

酵素与众不同的变身

酵素饮料被当做是民间流传的一种保健饮品，现在，很多人还会将其当做一种减肥食物每天服用。经过三次发酵后的酵素液，还可以当做碳酸饮料来服用。如何才能享受到这种口感与众不同的酵素饮料呢?

首先我们需要熟成的非常优质的酵素。将已经经历过二次熟成过程的酵素从玻璃瓶中取出，放入容器中。进行第三次发酵的时候，不可以选用那些容易碎裂的玻璃容器，而要选择完全密封式的容器，最好选用塑料瓶。酵素发酵液和饮用水的比例是2 ： 8，这是最适当的比例。将混合好的液体装入塑料瓶中，然后将盖子完全拧紧在室温下进行发酵。如果是在室内的话，春秋季需要4 ~ 5天，夏季需要3 ~ 4天，冬季需要5 ~ 6天，这是最适合的发酵时间。经过这些时间之后，酵素饮料中就会出现泡沫，会有碳酸从液体的底部往上升，而塑料瓶会鼓得像是即将要爆裂一般。这样，比可乐或者是汽水等碳酸饮料还要爽口的，而且毫无人工添加剂的，充满了对身体有益成分的酵素碳酸饮料就制作完成了。

之后就要把制作完成的碳酸饮料放在冰箱里保管，但是即使是这样，也很容易出现酸味。这是因为与那些可乐或者是汽水不同，这是有生命的发酵食品的缘故。所以一次只能照1周的量进行发酵，然后在指定的时间内喝完。

制作比碳酸饮料更爽口的酵素饮料，以及对身体有益的酵素醋。

在家里制作酵素会体验到那种耗资购买酵素时所体验不到的发自内心的成就感，而且，利用过滤完酵素溶液之后剩下的固体成分制作各种有益健康的食物，也会为我们带来快乐。

只需要500g过滤后的固体成分和一瓶在超市中随手就能买到的750ml的米酒就可以制作天然的酵素食用醋了。准备一个能够装醋的玻璃瓶或者是坛子，布块或者是高丽纸和一根皮筋，也可以用绿色无公害的塑料容器。

首先，我们要把即将要装醋的容器清洁干净并进行消毒。要进行彻底地消毒，这是成功制作天然食用醋的第一步，是为了彻底地预防在发酵的过程中出现各种细菌。将容器和其他需要用到的工具全部都进行消毒并晾干之后，将酵素固体成分平铺到容器中，在上面倒入一瓶米酒，然后与之前进行发酵的时候一样，利用布块或者是高丽纸将容器口密封。

天然食用醋的发酵与之前的酵素熟成一样，在20℃的条件下发酵3个月的时间，这是最基础的。之后将固体成分过滤出来，进入9个月的二次发酵和熟成。在这个阶段中，因为食用醋的液体会出现蒸发的现象，可能会使容器里的食用醋的量出现减少，而敞口较小的容器损失量会少一些。当发酵之后的食用醋产生了适当的酸度时，纯天然的食用醋就全部制作完成了。再次进行过滤之后，将容器口密封起来，在室温下进行储藏就可以了。

在制作天然食用醋的过程中，如果担心会失败的话，也可以使用发酵粉。酵素固体成分500g，加上750ml米酒和半勺发酵粉。用布块覆盖容器口之后，将硬币放在封口处，然后观察硬币是否出现颜色的变化。如果硬币出现变色的现象，就说明食用醋已经制作完成了。

用诚意与细心酿出的酵素

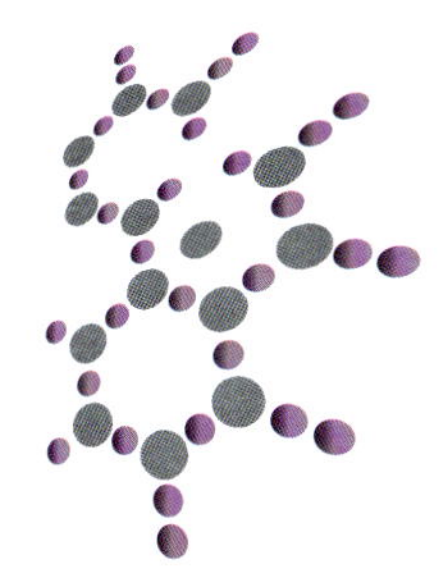

20多年来，我坚持不懈地研究制作为自己和家人带来健康的酵素液，我从中也领悟到了人生最重要的哲理——那就是诚意。

要亲手栽植食材，才能获得最好的材料。

要把自己的双手清洗干净，还要对容器进行消毒等，干净纯洁的手才能做出最优质的酵素。

要像照顾自己的孩子一样，用心地关心酵素有没有哪里不舒服。对酵素用心，才能让酵素变成真正有益健康的卫士，给你最大的回馈。

2

SPRING
春季制造的酵素

让疲劳的身体恢复活力

油菜酵素

春季是最适宜吃油菜的时节。油菜需要在开花之前3 ~ 4天的时候吃，此时的口感是最佳的。香甜、微苦的油菜富含维生素C，经常吃不仅对皮肤好，还能给现代人疲劳的身体带来活力。

KBS TV 在《想问就问》节目中进行有关“春季补药”的摄影时介绍油菜酵素

油菜是田野中第一个传来春天消息的花。每次想到油菜花，我的脑海中都会浮现出已经去世的妈妈。一到春天，田野上就会长出嫩绿色的油菜，这正是妈妈一冬天都在苦苦等待的菜肴之一。每当油菜长出嫩芽的时候，妈妈都会揪下来让我尝尝。那在嘴里散发出来的香甜且微苦的味道，直到现在还依然清晰地记在我的脑海中。

采集刚长出来的油菜的嫩叶，清洗干净后用热盐水焯一下，用芝麻盐、蒜泥、葱和香油拌好，就是我最喜欢的一道凉拌菜！嫩油菜只沾酱吃也别有一番风味。

到了4月的时候，地里的油菜会开出华丽的黄色花朵，母亲将黄色的油菜花采回家放到花瓶中，原本简陋的房间瞬间就有了一种春天降临般的温暖感。虽然家里并不富裕，但是我却度过了非常健康的幼年时期。我之所以能如此健康长大，多亏了那些没有受过任何农药影响的绿色植物。

结婚旅行的时候我和妻子一起去了济州岛，在那里我看到了成片成片的油菜田，开满了黄色的油菜花，如同黄色海洋一般。当时我想起母亲来，心中抑制不住地伤感起来。带着那份对母亲的无尽思念，下面让我们一起了解一下用油菜制作的酵素吧。

制作油菜酵素

Step 1 **购买主要材料（油菜800g）**

购买有机栽培的油菜，而且要选择表面没有干枯的嫩绿新鲜的油菜。只有这样才能制作出口感最佳的油菜酵素。

Step 2 **加工主材料**

将油菜在干净的清水中浸泡10分钟左右，然后用流水清洗数次。如果油菜表面有干枯的现象，就需要先在干净的清水中浸泡30分钟左右，然后再进行清洗。这样是为了让油菜能够吸收之前损失的水分，使日后发酵液的量也能更多一些。油菜洗好之后，清除表面的水分，然后再切成适当的大小。

Step 3 **准备砂糖（白砂糖800g，主材料与白砂糖的比例是1 ： 1）**

清除表面的水分之后，称量油菜的重量，然后准备相等重量的白砂糖。

Step 4 **腌制**

将油菜和60%的白砂糖均匀地混合在一起，然后装在容器中。此时，需要我们将油菜压实，使主材料和砂糖更好地混合，这样一来，发酵也能进行得更加顺畅。装好之后，将剩下的40%的砂糖全部都倒入容器里面，使容器里面的油菜全部都被砂糖覆盖。容器要足够大，使主材料只占有容器80%左右的空间。之所以要留20%左右的空间，是因为在发酵的过程中会出现溢出来的现象，而且，当主材料到达容器口的时候，会招来很多的果蝇。

Step 5 **密封容器口，并且贴上标签**

如果容器带有螺纹式的盖子，就先用力拧紧盖子，再稍微往回拧一点。这样一来，发酵过程中形成的气体就能排出容器外，而外面的果蝇也进不到容器里面。如果没有螺纹式的盖子，就用布块或者是高丽纸将容器口密封，然后再用绳子绑紧。把主材料的名字、腌制的日期和材料的功效等内容全部都记录到标签上，然后贴在容器上。

茎、叶、花全部都能用来制作酵素，仅用花制作也是可以的。由于材料本身就含有很多的水分，所以如果没有呈现枯萎现象，最好尽可能地减少浸泡在水里的时间。清洗的时候，不要使用醋等洗洁用品，只用清水进行清洗。清洗结束后，放置在通风较好的环境中，清除材料表面多余的水分。

如果担心会出现腐烂现象，可以增加10%左右的砂糖。填满容器的80%即可，注意不要使用完全密封的容器。

进行初期管理的时候，用干净的木制或者是塑料制的大勺子进行搅拌。

注意不要让水和异物进入发酵液中，因为水和异物会在日后会引发腐烂现象。发酵的过程会出现比较难闻的味道，但是这属于正常的发酵现象。

请不要使用超过50℃的热水进行冲泡。

初期管理（15日） 6 step

当材料上方覆盖的砂糖溶化了一半左右后，每天都需上下晃动容器，使底部的砂糖也能更好地溶化。这个过程要一直持续到所有的砂糖全部都溶化为止，大概需要15天。

发酵第一阶段（6个月） 7 step

通常人们会在春季的时候腌制油菜，要把容器放在室内阴凉处，避免被阳光直射。从腌制的第一天开始，要进行长达180天的发酵过程，在这期间，要保持材料完全浸没在发酵液里，这是非常关键的。只有这样，才能防止发霉和腐烂现象的出现，所以要适当地摁压材料，使其完全浸泡在发酵液中，如果无法摁压的话，那么在整个发酵过程结束之前，至少一周要搅拌一次。

过滤 8 step

发酵的第一阶段结束之后，用过滤网对发酵液进行过滤，将过滤后的发酵液放入另一个容器中。过滤后剩下的固体成分可以用来制作油菜酵素食用醋或者是腌菜。

二次发酵和熟成（6个月） 9 step

将过滤后的油菜发酵液装入其他容器中，进入长达6个月的二次发酵和熟成过程。每周至少要观察一次，看看是否有发霉等现象出现。

保管和饮用 10 step

在室温下进行保管，但是要避开阳光直射的环境。饮用时，酵素发酵液和饮用水的比例可以是1 ： 3，也可以根据个人的喜好进行调整。如果熟成的过程已经结束，你想停止发酵维持原味的话，就需要冷藏。

一道食谱 RECIPE

有点凉有点辣的油菜酵素，可以和豆腐一起食用，也可以在做菌菇类的菜肴时，加进去一起食用。油菜酵素和菌菇混合的料理，可以起到保健大脑的作用。

香甜、微苦的提神妙药

荠菜酵素

荠菜是十字花科的2年生草本植物，在全国各地都能生长，常见于野外的草丛或者是农田中，叶子和根茎都可以食用。冬季的时候，荠菜的叶子会呈现紫色，并且呈卷曲状，但是到了春季之后就会变成绿色。中医通常会把荠菜当做消化药或者是止泻药来使用，并且有记载称荠菜具有帮助肝脏解毒的作用。荠菜是蔬菜中蛋白质含量最高的，而且还富含钙、铁等无机质成分。所以，荠菜是非常有利健康的食品。而且荠菜还富含维生素A和C，有助于预防春困症。

KBS TV 在《想问就问》节目中进行有关《春季补药》的摄影时介绍荠菜酵素

上周末，我去了距加平南怡岛不远的大哥家，或许真的是受到了家族的影响，大哥非常喜爱野菜。不仅每个周末都会去山上采集各种野菜，就连自家院子里也种满了当归、沙参和荠菜等各种草药和蔬菜。大哥对酵素的热爱不比我少，家里随处可见用来制作酵素的坛子。

大嫂用自己家养的鸡和当归给我们做了一道美味的菜肴，不用说，口感绝对是最棒的。或许是因为散养在山上的缘故，鸡肉吃起来非常有弹性，汤中传来浓浓的当归香气，不停地刺激着我的鼻子和舌头。不止这些，还有蒲公英凉拌菜、荠菜凉拌菜和熬制了很长时间的荠菜汤，可以说这是一桌健康大餐。

离开的时候，大嫂给我带了一些园中自己种植的荠菜。当我看到大嫂递给我的塑料袋时，着实吓了一跳，因为实在太多了。为了不让大嫂的心意白费，回到家里之后，我非常认真地制作了荠菜酵素。

虽然是生机盎然的春季，但是随着春季的到来，我们也会出现春困症。相信不会再有比这个能够更好地战胜春困症的大补药了。

制作荠菜酵素

Step 1 购买主要材料（荠菜800g）

选择叶子颜色浓绿、叶子和茎比较小、香气较浓的荠菜，注意其根系不能太粗太硬。根系、茎和叶子等全部都可以用来腌制酵素。

荠菜是生长在地里的植物，所以根系部分有可能携带农药和肥料等对身体有害的成分，所以一定要清洗干净。

Step 2 加工主材料

将表面的泥土全部抖掉，然后把变黄的叶子处理干净。再用流水清洗几次，洗好之后，尽可能地去除表面的水分，切成适当的大小。

Step 3 准备砂糖（白砂糖800g，主材料：白砂糖的比例是1 ：1）

清除表面的水分之后，称量荠菜的重量，然后准备相等重量的白砂糖。

Step 4 腌制

将荠菜和60%的白砂糖均匀地混合在一起，然后装在容器中。向下压实，使主材料和砂糖更好地混合。装好之后，将剩余的40%的砂糖全部倒入容器里，覆盖荠菜表面。

如果担心出现腐烂等现象，可以增加10%左右的砂糖量。

填满容器的80%即可，注意不要使用完全密封的容器。

Step 5 密封容器口，并且贴上标签

如果是带有螺纹式盖子的容器，就先用力拧紧盖子，再稍微往回拧一点。如果没有螺纹式的盖子，就用布块或者是高丽纸将容器口密封，然后再用绳子绑紧。

将主材料的名字、腌制的日期和材料的功效等内容全部都记录到标签上，然后贴在容器上。

Step 6 初期管理（15日）

当材料上方覆盖的砂糖溶化了一半左右后，每天都需上下晃动容器，使底部的砂糖也能更好地溶化。这个过程要一直持续到所有的砂糖全部都溶化为止，大概需要15天。

进行初期管理时，用干净的木制或者塑料制的大勺子进行搅拌。

第一个发酵阶段结束后，就要用过滤网将发酵液中的固体成分过滤出来，然后将发酵液装入其他的容器中。注意不要让水和异物进入发酵液中，因为水和异物会在日后引发腐烂现象。

请不要使用超过50℃的热水进行冲泡。

发酵第一阶段（6个月） 7 step

通常人们会在春季的时候腌制荠菜，要把容器放在室内阴凉处，避免被阳光直射。从腌制的第一天开始，要进行长达180天的发酵过程，在这期间，要保持主材料完全浸没在发酵液里，这是非常关键的。只有这样，才能防止发霉和腐烂现象的出现，所以要适当地摁压主材料，使其完全浸泡在发酵液中。如果无法摁压的话，那么在整个发酵过程结束之前，至少一周要搅拌一次。

过滤 8 step

过滤后剩下的固体成分可以用来制作荠菜酵素食用醋或者是腌菜。特别是荠菜腌菜，口感是非常棒的。

发酵第二阶段和熟成（6个月） 9 step

将过滤后的荠菜发酵液装入其他容器中，进入长达6个月的二次发酵和熟成过程。每周至少要观察一次，看看是否有发霉等现象出现。

保管和饮用 10 step

在室温下进行保管，但是要避开阳光直射的环境。饮用时，酵素发酵液和饮用水的比例是1 ∶ 3，也可以根据个人的喜好进行调整。如果熟成的过程已经结束，但是想停止发酵维持原味的话，就需要冷藏。

一道食谱 RECIPE

利用荠菜和蛤蜊肉做拌菜的时候，如果添加荠菜酵素的话，菜的口感会更加爽口，并且还带有一种酸甜的味道。再加上辣椒酱、辣椒粉、芝麻、盐、大蒜和香油，精心地凉拌起来吧。

预防各种受风症状

珊瑚菜酵素

珊瑚菜属于双子叶植物中伞形目伞形花科的多年生草本植物，根系（即北沙参）是用来治疗各种风症的药材。韩国的长辈们会在家中孩子因受风皮肤骚痒时给他们吃珊瑚菜。珊瑚菜是非常珍贵的春季蔬菜。主要生长在韩国庆北山间等干燥的草原地带和山麓上。（中国产于辽宁、河北、山东、江苏、浙江、福建、台湾、广东等省。——译者注）

KBS TV 在《Morning Wide》节目中介绍能够孝敬父母的酵素

有人说，春季野菜能给整个冬季里失去了香气的厨房带来朝气，春季的野菜是如此可口，并且对人们的身体健康具有很大的帮助。比如车前草、蒲公英和生菜等，这都是对我们的身体非常有益的酵素原材料，你完全可以轻松找到。可以说，再也找不到比它们更好的补药了。

珊瑚菜又名滨防风，对于生活在内陆的人们而言稍微有些生疏。珊瑚菜生长在经常有风吹起来的地方，特别是海岸附近的山上，那里是珊瑚菜的栖息地，到了春季的时候，珊瑚菜就会长出嫩芽。把嫩芽用热水焯一下，然后蘸上辣椒酱吃，其独有的口感和香气让人回味无穷。

两年生的珊瑚菜，其根系是一味非常重要的中药材——防风。防风是“抵挡风”的意思，而且也确实对外感型头痛、恶寒、发热、全身痛和咽喉痛等症状有疗效，所以能够用来治疗各种风症。

制作珊瑚菜酵素

Step 1 购买主要材料（珊瑚菜800g）

主要采集春季新长出来的珊瑚菜，也可以从菜市场或者超市中购买。购买时要选择有机栽培的珊瑚菜，而且要选择表面没有干枯、嫩绿新鲜的珊瑚菜。根、茎和叶等全部都可以使用，只用根系也是可以的。

Step 2 加工主材料

选择新鲜的珊瑚菜，浸泡在干净的清水中10分钟左右，然后用流水清洗数次。珊瑚菜洗好之后，尽可能地清除表面留下的水分，然后再切成适当的大小。

不要使用食用醋等清洗。
选择阴凉的地方晾干。
注意不要加温。

Step 3 准备砂糖（白砂糖800g，主材料：白砂糖的比例是1 ：1）

清除表面的水分之后，称量珊瑚菜的重量，然后准备相等重量的白砂糖。

如果担心出现腐烂等现象，可以增加10%左右的砂糖量。

Step 4 腌制

将珊瑚菜和60%的白砂糖均匀地混合在一起，然后装在容器中。用力压实，使主材料和砂糖更好地混合，这样一来，发酵也能进行得更加顺畅。装好之后，将剩余的40%的砂糖都倒入容器里，使容器里的珊瑚菜全部都被砂糖覆盖。

Step 5 密封容器口，并且贴上标签

如果是带有螺纹式盖子的容器，就先用力拧紧盖子，再稍微往回拧一点。如果没有螺纹式的盖子，就用布块或者是高丽纸将容器口密封，然后再用绳子绑紧。将主材料的名字、腌制的日期和材料的功效等内容全部都记录到标签上，然后贴在容器上。

填满容器的80%即可，注意不要使用完全密封的容器。

Step 6 初期管理（15日）

当材料上方覆盖的砂糖溶化了一半后，每天都需上下晃动容器，使底部的砂糖更好地溶化。这个过程要一直持续到所有的砂糖全部都溶化为止，大概需要15天。

进行初期管理时，用干净的木制或者塑料制的大勺子搅拌。

发酵的时间一定要达到180天，只有这样，酵素的口感和药性才会优质。

注意不要让水和异物进入发酵液中，因为水和异物会在日后引发腐烂现象。

利用酵素的固体成分酿酒的话，就能制作出醇香且口感极佳的浸泡酒。

请不要使用超过50℃的热水进行冲泡。

发酵第一阶段（6个月） 7 step

通常人们会在春季的时候腌制珊瑚菜，要把容器放在室内阴凉处，避免被阳光直射。从腌制的第一天开始，要进行长达180天的发酵过程，在这期间，要保持主材料完全浸没在发酵液里，这是非常关键的。只有这样，才能防止发霉和腐烂现象的出现，所以要适当地摁压主材料，使其完全浸泡在发酵液中，如果无法摁压的话，那么在整个发酵过程结束之前，至少一周要搅拌一次。

过滤 8 step

发酵的第一阶段结束之后，用过滤网对发酵液进行过滤，将过滤后的发酵液放入另一个容器中。过滤后剩下的固体成分可以用来制作珊瑚菜酵素食用醋、珊瑚菜酵素酒和珊瑚菜酵素腌菜等。

发酵第二阶段和熟成（6个月） 9 step

将过滤后的珊瑚菜发酵液装入其他容器中，进入长达6个月的二次发酵和熟成阶段。每周至少要观察一次，看看是否有发霉等现象出现。

保管和饮用 10 step

在室温下进行保管，但是要避开阳光直射的环境。饮用时，酵素发酵液和饮用水的比例是1 ∶ 3，也可以根据个人的喜好进行调整。如果熟成的过程已经结束了，但是想停止发酵维持原味的话，就需要冷藏。

一道食谱 RECIPE

容易刮风的春季，会出现很多因风引起的疾病。睡觉之前服用一杯用50℃的水冲泡的珊瑚菜酵素，就能起到很好的预防作用。

爽口且清淡的春季野菜

垂盆草酵素

垂盆草味甜且无异味，属于偏寒性的植物，具有解热解毒之功效。（别名：狗牙瓣、石头菜、佛甲草，垂盆草是一味民间流传极广的常用药草。（遍布中国南北，生于山坡岩石上或人工栽培。——译者注）

利用三四月长出来的嫩芽，加上辣椒酱做成垂盆草凉拌菜，或者是调配酱料制作成沙拉，都非常可口。垂盆草含有丰富的维生素C、钙和磷等无机质，所以口感微酸，有助于促进食欲，还可以降低胆固醇，有助于预防成人病。所以垂盆草与油腻的肉类配在一起吃是再好不过了。除了凉拌菜和沙拉之外，垂盆草还可以制作成水泡菜或者是生拌菜，这也是韩国传统的美味之一。

作者参与录制KBS TV《想问就问》节目“春季补药特辑”时介绍垂盆草酵素

在林间散步的时候观察各种野菜，对我而言是一件非常有趣的事情，所以冬季是一个让我浑身不自在的季节。在冬天里，我每天都翘首企盼着春季的到来。

终于迎来了温暖的3月，灿烂的阳光透过窗户照射进来。一个周六的早上，我和妻子一起来到了田野上。我们是准备去采一些艾蒿的。我们在向阳的地方徘徊了一会儿，看到了阳光照射下嫩嫩的艾蒿。但是无论怎么看，都觉得还没有到采摘的时候，心中感到有些遗憾。后来我和妻子来到了附近的菜市场。在那里我和妻子发现了新鲜的垂盆草。

垂盆草是非常好的野菜，蘸辣椒酱生吃也好吃，和大麦饭一起拌饭吃也不错！垂盆草在治疗肝炎、黄疸和肝硬化等肝病方面也有着卓越的效果。所以喜欢喝酒的人们，有必要利用垂盆草好好地补补整个冬季被酒精折磨的身体了。我们于是一口气买了一大袋子回去。回家一看，买的量确实不少。带着一种开始新一年酵素工程的心情，我开始用心地制作垂盆草酵素，用整个身体感受春季的朝气。

制作垂盆草酵素

Step 1 **购买主要材料（垂盆草800g）**

垂盆草最好是野生的，也可以是菜园自种的有机垂盆草。其实栽培垂盆草的过程非常简单，甚至不需要使用栽培这个词。当然，没有条件的话也可以在菜市场或者超市购买，不要选择熟透发软的，而要选择棱角分明的垂盆草。茎和叶子可以用来制作酵素。

Step 2 **加工主材料**

选择新鲜的垂盆草，浸泡在干净的清水中10分钟左右，然后用流水清洗数次。由于容易损坏，所以清洗的时候一定要格外的小心。垂盆草洗好之后，尽可能地清除表面留下的水分，然后再切成适当的大小。

Step 3 **准备砂糖（白砂糖800g，主材料：白砂糖的比例是1 ： 1）**

清除表面的水分之后，称量垂盆草的重量，然后准备相等重量的白砂糖。

Step 4 **腌制**

将垂盆草和60%的白砂糖均匀地混合在一起，然后装在容器中。向下压实，使主材料和砂糖更好地混合。装好之后，将剩余的40%的砂糖全部都倒入容器里，覆盖垂盆草的表面。

Step 5 **密封容器口，并且贴上标签**

如果是带有螺纹式盖子的容器，就先用力拧紧盖子，再稍微往回拧一点。如果没有螺纹式的盖子，就用布块或者是高丽纸将容器口密封，然后再用绳子绑紧。

将主材料的名字、腌制的日期和材料的功效等内容全部都记录到标签上，然后贴在容器上。

Step 6 **初期管理（15日）**

当材料上方覆盖的砂糖溶化了一半左右后，每天都需上下晃动容器，使底部的砂糖也能更好地溶化。这个过程要一直持续到所有的砂糖全部都溶化为止，大概需要15天。

由于垂盆草生长的时候离地面非常近，所以很容易就会接触到各种异物。如果是采集的野菜，一定要仔细进行清洗。

如果担心出现腐烂等现象，可以增加10%左右的砂糖量。

填满容器的80%即可，注意不要使用完全密封的容器。

发酵过程很有可能会出现材料烂掉的现象，但是这属于正常的现象，不用太过担心。
第一次发酵结束之后，用过滤网过滤发酵液，然后装入其他的容器里。
注意不要让水和异物进入发酵液中，因为水和异物在日后会引发腐烂现象。

请不要使用超过50℃的热水进行冲泡。

发酵第一阶段（6个月） 7 step

通常人们会在春季的时候腌制垂盆草，要把容器放在室内阴凉处，避免被阳光直射。从腌制的第一天开始，要进行长达180天的发酵过程，在这期间，要保持主材料完全浸没在发酵液里，这是非常关键的。只有这样，才能防止发霉和腐烂现象的出现，所以要适当地摁压主材料，使其完全浸泡在发酵液中，如果无法摁压的话，那么在整个发酵过程结束之前，至少一周要搅拌一次。

过滤 8 step

发酵的第一阶段结束之后，用过滤网对发酵液进行过滤，将过滤后的发酵液放入另一个容器中。过滤后剩下的固体成分可以用来制作垂盆草酵素食用醋、垂盆草酵素腌菜和垂盆草酵素酒等。

发酵第二阶段和熟成（6个月） 9 step

将过滤后的垂盆草发酵液装入其他容器中，进入长达6个月的二次发酵和熟成过程。每周至少要观察一次，看看是否有发霉等现象出现。

保管和饮用 10 step

在室温下进行保管，但是要避开热气。饮用时，酵素发酵液和饮用水的比例可以是1 ： 3，也可以根据个人的喜好进行调整。如果熟成的过程已经结束了，但是想停止发酵维持原味的话，就需要冷藏。

一道食谱 RECIPE

用新鲜的垂盆草蘸酱食用的时候，加入一点垂盆草酵素尝尝看吧，口感将会更加爽口酸甜。

效果强大的减肥食品

车前草酵素

车前草，多年生草本植物，无论是向阳的地方，还是半阴的地方，车前草都能生长得非常好。初春时新长出来的车前草嫩芽，是春季里能够让人食指大动的山野菜。6月之前的车前草嫩芽，即使生吃也能尝出甜甜的味道，当嫩芽长得再大一点之后，可以做成凉拌菜食用，也可以放进汤里煮着吃。（车前草又名车轮菜、老夹巴草、猪肚菜、灰盆草、车轱辘菜，种子有利水通淋、清热解毒、清肝明目、祛痰止泻的功效。遍布中国各地。——译者注）

车前草的种子是椭圆形的，放进水里之后就会变得黏黏糊糊的。这是一味非常特殊的中药，在中医治疗中可以用来消炎、利尿、止咳。而且车前草种子的这种黏液，也能用来提高面条的弹性。车前草的种子从5月开始一直到10月为止都可以进行采集，由于含有的热量很少，所以是非常典型的减肥食品。

作者在CJ TV《金媛熙的对手》节目中介绍车前草酵素

车前草看起来有些脆弱，但即使被车轮无情碾压都不会死掉，就像名字一样非常的强韧，所以，车前草成为了象征人民的草。车前草是非常具有代表性的救荒植物，它浑身上下都可以吃，是不会浪费的野菜之一。以前，妈妈经常会用车前草拌菜给我吃。家人中如果有谁感冒了，妈妈就会用车前草和葱根一起熬汤汁给他喝。去年春天，我特地去熊浦面（韩国全罗北道的一处地方——译者注）采集了车前草。虽然采集的量并不是很多，但是内心依然觉得很有成就感。回到家之后，我用心地清洗了车前草，然后腌制了车前草酵素。这个过程中，我也回忆起了孩童时期充满快乐的美好时光。

制作车前草酵素

step 1 购买主要材料（车前草800g）

车前草是一种常见的野菜，只要稍微用心就可以非常轻松地采集到。除了叶子之外，根部和茎都要一同采集。

一定要选择还没有开花的嫩芽。茎、叶和花全部都能用来制作酵素，一定要使用根部才会具有药性。

step 2 加工主材料

把枯萎的叶子和根部清除掉，然后浸泡在干净的清水中，再用流水清洗数次。洗好之后，尽可能地清除表面留下的水分。

step 3 准备砂糖（白砂糖800g，主材料：白砂糖的比例是1 ： 1）

清除表面的水分之后，称量车前草的重量，然后准备相等重量的白砂糖。

step 4 腌制

将车前草和60%的白砂糖均匀地混合在一起，然后装在容器中。用力压实，使主材料和砂糖更好地混合。装好之后，将剩余的40%的砂糖全部都倒入容器里，覆盖车前草。

如果担心出现腐烂等现象，可以增加10%左右的砂糖量。

step 5 密封容器口，并且贴上标签

如果是带有螺纹式盖子的容器，就先用力拧紧盖子，再稍微往回拧一点。如果没有螺纹式的盖子，就用布块或者是高丽纸将容器口密封，然后再用绳子绑紧。将主材料的名字、腌制的日期和材料的功效等内容全部都记录到标签上，然后贴在容器上。

step 6 初期管理（15日）

当材料上方覆盖的砂糖溶化了一半左右后，每天都需要上下晃动容器，使底部的砂糖也能更好地溶化。这个过程要一直持续到所有的砂糖全部都溶化为止，大概需要15天。

只占用容器中80%左右的空间是最适当的，不使用完全密封的容器。

step 7 发酵第一阶段（6个月）

通常人们会在春季的时候腌制车前草，要把容器放在室内阴凉处，避免被阳光直射。从腌制的第一天开始，要进行长达180天的发酵过程，在这期间，要保持主材料完全浸没在发酵液里，这是非常关键的。只有这样，才能防止发霉和腐烂现象的出现，所以要适当地摁

将车前草酵素的固体成分用其他容器很好地进行保管，用水冲泡服用的话，是非常酸甜爽口的饮用茶。

注意不要让水和异物进入发酵液中，因为水和异物在日后会引发腐烂现象。

请不要使用超过50℃的热水进行冲泡。

压主材料，使其完全浸泡在发酵液中，如果无法摁压的话，那么在整个发酵过程结束之前，至少一周要搅拌一次。

过滤 8 step

发酵第一阶段结束之后，用过滤网对发酵液进行过滤，将过滤后的发酵液放入另一个容器中。过滤后剩下的固体成分可以用来制作车前草酵素茶、车前草腌菜、车前草酒和车前草酵素食用醋等。

发酵第二阶段和熟成（6个月） 9 step

将过滤后的车前草发酵液装入其他容器中，进入长达6个月的二次发酵和熟成过程。每周至少要观察一次，看看是否有发霉等现象出现。

保管和饮用 10 step

在室温下进行保管，但是要避开热气。饮用时，酵素发酵液和饮用水的比例可以是1 ∶ 3，也可以根据个人的喜好进行调整。如果熟成的过程已经结束了，但是想停止发酵维持原味的话，就需要冷藏。

一道食谱 RECIPE

车前草的叶子加上一点红灯笼辣椒酵素固体成分、洋葱、青阳辣椒、捣碎的大蒜、辣椒酱、辣椒粉，再加上车前草酵素和芝麻，就能够制作出非常爽口的车前草酸拌菜。

保护肝脏的好饮品

蒲公英酵素

蒲公英是在树林和草丛中经常能看到的野菜。春天的时候会开出黄色的花朵，嫩叶可以做成凉拌菜食用，根部可以入药。中医认为蒲公英具有解热、消炎、利尿、健胃等功效。春季的嫩叶可以当蔬菜食用，根部和叶子洗干净后晾干磨成粉，可以当茶饮用。

SBS TV 在《Morning Wide》节目中介绍蒲公英酵素

去年4月，我和邻居们一起去加平的明智山登山。凌晨我就起来开始准备午饭，天一亮就出发去了明智山，大家不到9点就抵达了目的地。在山顶附近，痛快地出了一身汗的大家非常开心地一边聊天一边吃午饭。在下山路上的一个陡坡处，我发现了一大片自然生长的蒲公英。我如获至宝地停下脚步细看，它们长得非常鲜嫩。我告诉大家蒲公英是一种自生能力非常强的野菜，有助于治疗各种炎症，对肝病有着非常卓越的效果。我们连根拔起了稍大一些的蒲公英，刚长出来的只摘取了叶子。大家把采摘的蒲公英都交给了我，至少有3kg以上！

“日后等酵素做好了给我们大家分点就行。”大家都笑得很灿烂，我的心中充满了对他们的感谢之情。

回到家里，我开始清洗蒲公英，或许是因为它们原本就生长在干净环境中的缘故，清洗起来非常容易。那个春天制作的蒲公英酵素发酵得非常好，现在已经到了能够饮用的时候。终于到了能够跟朋友们一同分享的时刻。对于酵素爱好者而言，与朋友分享自己亲手制作的酵素是最大的快乐！

制作蒲公英酵素

Step 1 购买主要材料（蒲公英800g）

要收集自然生长的蒲公英，也可以在房前屋后自己栽培有机的蒲公英，还可以在当季的菜市场或者是超市购买。最近也有一些农家专门栽植朝鲜蒲公英，所以收集的时候也不会太困难。

茎、叶和花全部都能用来制作酵素。

Step 2 加工主材料

选择新鲜的蒲公英，在干净的清水里浸泡10分钟左右，然后用流水清洗数次。蒲公英洗好之后，尽可能地清除表面留下的水分，然后再切成适当的大小。

Step 3 准备砂糖（白砂糖800g，主材料：白砂糖的比例是1：1）

清除表面的水分之后，称量蒲公英的重量，然后准备相等重量的白砂糖。

如果担心出现腐烂等现象，可以增加10%左右的砂糖量。

Step 4 腌制

将蒲公英和60%的白砂糖均匀地混合在一起，然后装在容器中。用力压实，使主材料和砂糖更好地混合。装好之后，将剩余的40%的砂糖全部都倒入容器里，覆盖蒲公英。

填满容器的80%即可，注意不要使用完全密封的容器。

Step 5 密封容器口，并且贴上标签

如果是带有螺纹式盖子的容器，就先用力拧紧盖子，再稍微往回拧一点。如果没有螺纹式的盖子，就用布块或者是高丽纸将容器口密封，然后再用绳子绑紧。将主材料的名字、腌制的日期和材料的功效等内容全部都记录到标签上，然后贴在容器上。

Step 6 初期管理（15日）

当材料上方覆盖的砂糖溶化了一半左右后，每天都需要上下晃动容器，使底部的砂糖也能更好地溶化。这个过程要一直进行到所有的砂糖全部都溶化为止，大概需要15天。

进行初期管理的时候，用干净的木制或者塑料制的大勺子进行搅拌。

Step 7 发酵第一阶段（6个月）

通常人们会在春季的时候腌制蒲公英，要把容器放在室内阴凉处，避免被阳光直射。从腌制的第一天开始，要进行长达180天的发

发酵开始后会出现很多果蝇，所以开关容器盖子的时候，一定要格外小心。
注意不要让水和异物进入发酵液中，因为水和异物在日后会引发腐烂现象。

请不要使用超过50℃的热水进行冲泡。

酵过程，在这期间，要保持主材料完全浸没在发酵液里，这是非常关键的。只有这样，才能防止发霉和腐烂的现象出现，所以要适当地摁压主材料，使其完全浸泡在发酵液中，如果无法摁压的话，那么整个发酵过程结束之前，至少一周要搅拌一次。

过滤 8 step

发酵第一阶段结束之后，用过滤网对发酵液进行过滤，将过滤后的发酵液放入另一个容器中。过滤后剩下的固体成分可以用来制作蒲公英酵素食用醋、蒲公英酵素腌菜和蒲公英酵素酒等。

发酵第二阶段和熟成（6个月） 9 step

将过滤后的蒲公英发酵液装入其他容器中，进入长达6个月的二次发酵和熟成过程。每周至少要观察一次，看看是否有发霉等现象出现。

保管和饮用 10 step

在室温下进行保管，但是要避开阳光直射的环境。饮用时，酵素发酵液和饮用水的比例可以是1 ∶ 3，也可以根据个人的喜好进行调整。如果熟成的过程已经结束了，但是想停止发酵维持原味的话，就需要冷藏。

一道食谱 RECIPE

用热水焯过的鱿鱼和蒲公英搭配在一起，可以制作成一道非常可口的醋拌菜，也是一道非常不错的下酒菜。制作酱料的时候，放入一点蒲公英酵素的话，能够起到清除鱿鱼腥味的作用。

艾蒿酵素

“7年的老毛病，用3年生的艾蒿治疗”，这是老人们常说的话。艾蒿、大蒜和胡萝卜这三种食物，是能够预防成人病的3大食品。艾蒿的功效多得无法一一列举，首先，可以净化血液，有助于血液循环，而且还能够温暖女性子宫。如果是非常害怕冷的人，也可以长时间地服用艾蒿。艾蒿还具有止血的作用，在过去的农村，人们出鼻血的时候，会用揉碎的艾蒿堵鼻孔。如果手被切到了，也会用捣碎的艾蒿敷伤口。采集艾蒿嫩叶，晾干然后蒸，蒸出来的汁液可以用来驱虫。艾蒿经常用来做艾灸，是民间流行甚广的保健方法。而且艾蒿含有丰富的优质纤维，对治疗便秘也有很好的效果。

艾蒿有一种很刺鼻的香气，如果想要食用的话，就需要煮熟之后，在水里浸泡一晚上再吃较好。艾蒿新长出来的叶子可以用来熬汤，有时也会用来做豆沙糕或者是艾蒿糕，具有增加食物香气和颜色的作用。

KBS TV《想问就问》节目介绍“能够温暖身体的民间疗法”中特别推荐艾蒿酵素

那是阳光灿烂的5月的第一个周末，伴着和煦春风，我和邻居们一起去了江原道华川的农场野游，目的是为了采集野菜作为酵素的原材料。不知道从哪里传来了艾蒿的香气，于是我开始沿着这股香气寻找艾蒿的踪迹。果然，我看到了一地的新鲜艾蒿，旁边还有车前草、生菜、东风菜和沙参等等，能够采摘的野菜多得数不过来！我的内心充满了幸福感，决定把它们统统采回去！我精神百倍地开始行动，一口气采了5kg左右！我已经气喘吁吁、汗流浃背了。我决定不要太贪心，结束了手头上的工作。

摘完野菜，大家围坐在一个小亭子里，拿出了米酒，一边小酌一边聊天。有的人带了艾蒿糕，有的人带了艾蒿饽饽、东风菜、回锅肉等各种菜肴，而我拿出来的是去年制作的艾蒿酵素。大家开心地吃喝，最受欢迎的是我用艾蒿酵素酿成的艾蒿酵素米酒，几乎都被喝光了！但是我却觉得非常幸福。还有什么比跟朋友在一起欢聚的时光更幸福呢？艾蒿酵素只需要回家再腌制就可以了，不是吗？

制作艾蒿酵素

Step 1 购买主要材料（艾蒿800g）

要选择自然生长的艾蒿，3 ~ 5月的时候可以采摘到新长出来的小艾蒿，也可以去菜市场或者是超市购买。因为是正当季的蔬菜，可以轻松买到很新鲜的材料。主要利用艾蒿的茎和叶子腌制酵素。

采集茎还没有长出来的艾蒿，叶子越柔嫩，口感越好。

Step 2 加工主材料

将艾蒿在清水中浸泡10分钟左右。如果艾蒿的表面看起来有点干枯，就浸泡30分钟左右，然后再进行清洗。通过浸泡，艾蒿能够吸收之前损失的水分，更好地进行发酵，发酵液的量也能更多一些。艾蒿洗好之后，尽可能地清除表面留下的水分，然后再切成适当的大小。

清洗的时候，不要使用醋等洗洁用品，只用清水进行清洗。清洗结束后，放置在通风较好的环境中，清除材料表面多余的水分。

Step 3 准备砂糖（白砂糖800g，主材料：白砂糖的比例是1 ： 1）

清除表面的水分之后，称量艾蒿的重量，然后准备相等重量的白砂糖。

如果担心出现腐烂等现象，可以增加10%左右的砂糖量。

Step 4 腌制

将艾蒿和60%的白砂糖均匀地混合在一起，然后装在容器中。用力压实艾蒿，使主材料和砂糖更好地混合，这样一来，发酵也能进行得更加顺畅。装好之后，将剩余的40%的砂糖全部都倒入容器里。

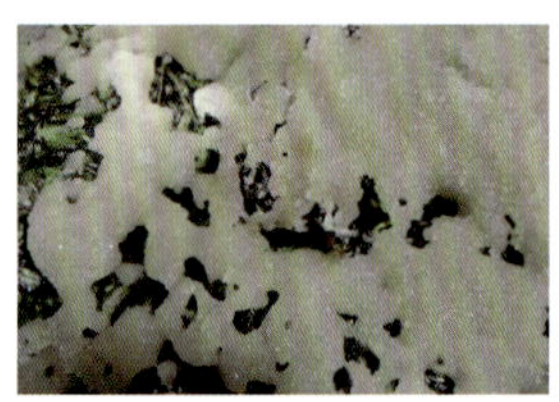

填满容器的80%即可，注意不要使用完全密封的容器。

Step 5 密封容器口，并且贴上标签

如果是带有螺纹式盖子的容器，就先用力拧紧盖子，再稍微往回拧一点。如果没有螺纹式的盖子，就用布块或者是高丽纸将容器口密封，然后再用绳子绑紧。将主材料的名字、腌制的日期和材料的功效等内容全部都记录到标签上，然后贴在容器上。

Step 6 初期管理（15日）

当材料的上方覆盖的砂糖溶化了一半左右后，每天都需要上下晃动容器，使底部的砂糖也能更好地溶化。这个过程要一直进行到所有的砂糖全部都溶化为止，大概需要15天。

进行初期管理的时候，用干净的木制或者塑料制的大勺子进行搅拌。在发酵的第一阶段中，要保持主材料完全浸没在发酵液里，这是非常关键的。只有这样，才能防止发霉和腐烂现象的出现。

发酵艾蒿的过程中会出现发酵液呈现白色且黏稠的现象，不用担心，只需要继续发酵就可以了。
注意不要让水和异物进入发酵液中，因为水和异物在日后会引起腐烂现象。

请不要使用超过50℃的热水进行冲泡。

发酵第一阶段（6个月） 7 step

通常人们会在春季的时候腌制艾蒿，要把容器放在室内阴凉处，避免被阳光直射。从腌制的第一天开始，要进行长达180天的发酵过程，在这期间，要保持主材料完全浸没在发酵液里，这是非常关键的。如果无法摁压的话，那么在整个发酵过程结束之前，至少一周要搅拌一次。

过滤 8 step

发酵第一阶段结束之后，用过滤网对发酵液进行过滤，将过滤后的发酵液放入另一个容器中。过滤后剩下的固体成分可以用来制作艾蒿酵素食用醋、艾蒿酵素腌菜和艾蒿酵素酒等。

发酵第二阶段和熟成（6个月） 9 step

将过滤后的艾蒿发酵液装入其他容器中，进入长达6个月的二次发酵和熟成过程。每周至少要观察一次，看看是否有发霉等现象出现。

保管和饮用 10 step

在室温下进行保管，但是要避开阳光直射的环境。饮用时，酵素发酵液和饮用水的比例可以是1 ∶ 3，也可以根据个人的喜好进行调整。如果熟成的过程已经结束了，但是想停止发酵维持原味的话，就需要冷藏。

一道食谱 RECIPE

将黑豆煮熟之后加入一些艾蒿酵素，然后一起研磨服用，对女性的身体有很大的好处。莲藕加入一点艾蒿酵素然后一起研磨服用，对经常流鼻血的小孩子也会有很好的疗效。

改善血液循环障碍

东风菜酵素

东风菜富含蛋白质、钙、磷、铁、维生素B1和B2、烟酸等物质，是一种非常典型的碱性食品，口感非常可口，香气诱人，由于是碱性食品，所以能够排出体内不必要的盐分。（东风菜别称山蛤芦、钻山狗、白云草、疙瘩药、草三七，广泛分布于中国东北、华北、中东部及南方各省，生于山谷坡地、草地和灌丛中，极常见。也分布于朝鲜半岛、日本、俄罗斯西伯利亚东部。东风菜在浙江民间广泛应用于治疗蛇毒，效果良好。——译者注）

把东风菜稍微焯一下，然后用各种调料拌着吃，也可以炒着吃。说感冒的人吃它可以缓解头痛症状。

SBS TV在《Morning Wide》节目中介绍促进血液循环的酵素

冬春之交，乍暖还寒的换季时期，很多人会因为血液循环障碍而饱受痛苦，这是因为体内的血液不能正常地循环流动的缘故。对血液循环有改善效果的东风菜，这时也成了我们饭桌上经常能看到的珍贵野菜。

最近，很多农家也在种植东风菜，所以购买非常便利。但是制造酵素的时候，还是尽量使用野生的东风菜较好。为了满足这个要求，我动身去了江原道。抵达华川之后，我游览了小说家李外秀先生生活过的甘城村，然后去了朋友经营的农场。我亲自登上了后山，远远地看到了满地的野生的东风菜，还有嫩嫩的刺老芽！我感觉像是发了一笔横财一样兴奋！我完全忘记了时间，不知不觉采到了中午。下山后我和农场里的人们一同吃了午饭。就着刚采集下来的鲜嫩的东风菜，吃着烤得滋滋流油的五花肉，喝着自酿的米酒，与朋友们高谈阔论。我想所谓田园至乐不过如此了！

结束了世间最快乐的旅行，帮助农场的人们一起种了辣椒苗之后，我就回到家中整理采集的东风菜。闻着浓浓的东风菜香气，我再次陷入了幸福中。东风菜对那些有血液循环障碍的人们有很卓越的疗效，那么，就为年老的父母制作东风菜酵素吧。

制作东风菜酵素

Step 1 **购买主要材料（东风菜800g）**

选择春季新长出来的东风菜制作酵素较好，在菜市场或者是超市中都能轻松购买到。柔嫩且淡绿色的东风菜，口感不会太硬，而且香气诱人。现在很多农场中都会栽植东风菜，所以是非常常见的蔬菜之一。但是野生的东风菜并不太多，所以价格也比较高。利用东风菜的茎和叶子可以制作酵素。

Step 2 **加工主材料**

选择新鲜的东风菜，浸泡在干净的清水中10分钟左右，然后用流水清洗数次。洗好之后尽可能地清除表面留下的水分，然后再切成适当的大小。

Step 3 **准备砂糖（白砂糖800g，主材料：白砂糖的比例是1：1）**

清除表面的水分之后，称量东风菜的重量，然后准备相等重量的白砂糖。

Step 4 **腌制**

将东风菜和60%的白砂糖均匀地混合在一起，然后装在容器中。用力压实东风菜，使主材料和砂糖更好地混合，这样一来，发酵也能进行得更加顺畅。装好之后，将剩余的40%的砂糖全部都倒入容器里。

Step 5 **密封容器口，并且贴上标签**

如果是带有螺纹式盖子的容器，就先用力拧紧盖子，再稍微往回拧一点。如果没有螺纹式的盖子，就用布块或者是高丽纸将容器口密封，然后再用绳子绑紧。将主材料的名字、腌制的日期和材料的功效等内容全部都记录到标签上，然后贴在容器上。

Step 6 **初期管理（15日）**

当材料上方覆盖的砂糖溶化了一半左右后，每天都需要上下晃动容器，使底部的砂糖也能更好地溶化。这个过程要一直进行到所有的砂糖全部都溶化为止，大概需要15天左右。

采集东风菜的时候，最好选择自然野生的，或者有机东风菜。采摘的时候要连同花瓣下面的嫩芽一起采摘。
清洗的时候，不要使用醋等洗洁用品，只用清水进行清洗。
清洗结束后，放置在通风较好的环境中，清除材料表面多余的水分。

如果担心出现腐烂等现象，可以增加10%左右的砂糖量。
填满容器的80%即可，注意不要使用完全密封的容器。

进行初期管理的时候，用干净的木制或者塑料制的大勺子进行搅拌。

发酵过程中可能会出现很多气泡的现象，这属于正常的发酵过程。注意不要让水和异物进入发酵液中，因为水和异物在日后会引发腐烂现象。

发酵第一阶段（6个月） 7 step

通常人们会在春季的时候腌制东风菜，要把容器放在室内阴凉处，避免被阳光直射。从腌制的第一天开始，要进行长达180天的发酵过程，在这期间，要保持主材料完全浸没在发酵液里，这是非常关键的。只有这样，才能防止发霉和腐烂现象的出现，所以要适当地摁压主材料，使其完全浸泡在发酵液中，如果无法摁压的话，那么在整个发酵过程结束之前，至少一周要搅拌一次。

过滤 8 step

发酵第一阶段结束之后，用过滤网对发酵液进行过滤，将过滤后的发酵液放入另一个容器中。过滤后剩下的固体成分可以用来制作东风菜酵素食用醋、东风菜酵素腌菜和东风菜酵素酒等。

请不要使用超过50℃的热水进行冲泡。

发酵第二阶段和熟成（6个月） 9 step

将过滤后的东风菜发酵液装入其他容器中，进入长达6个月的二次发酵和熟成过程。每周至少要观察一次，看看是否有发霉等现象出现。

保管和饮用 10 step

在室温下进行保管，但是要避开太阳直射的环境和热气。饮用时，酵素发酵液和饮用水的比例可以是1 ∶ 3，也可以根据个人的喜好进行调整。如果熟成的过程已经结束了，但是想停止发酵维持原味的话，就需要冷藏。

一道食谱 RECIPE

每天服用一杯东风菜酵素，有助于控制由于胆固醇过高引发的各种疾病。与芝麻江米条一同服用效果更佳。

改善肝机能

水芹酵素

水芹有点甜，还有点辣，属于寒性植物，是含有丰富的无机质、纤维的碱性食品，在解毒、解热和净化血液方面有卓越的功效。现在，水芹之所以被视为健康食品，不仅是因为水芹具有解毒的作用，更重要的是它具有净化重金属毒素的作用。煮河豚的时候，人们会放一些水芹，就是为了解河豚的毒。相同的道理，水芹也会吸收那些通过其他食物进入我们体内的重金属毒素，然后排出我们体外。

水芹也是非常有名的对肝有益的蔬菜，有非常好的解酒功效。而且水芹含有丰富的纤维，也有助于缓解便秘。它不仅能够净化血液，还能起到降低高血压的作用。清除冬季里囤积在我们体内的毒素，净化我们的血液，没有比水芹更好的蔬菜了。

CJ TV在《金媛熙的对手》节目中，作者介绍对肝有益的水芹酵素

能够代表3月的健康食品水芹，即使在污浊的泥水中，也能生长得非常好。水芹不仅富含维生素和纤维质，其香气和口感也非常好。

众所周知，水芹是对身体健康非常有益的食品。所以，喝酒的人们家中也会准备水芹汁，但是每次都要准备水芹汁也并不是件简单的事情。如果制作了水芹酵素的话，不仅便于保存，吃起来也会方便很多。

不久前，我去访问了一位经营农场的朋友，离开的时候，他送给我很多自己种植的水芹。

回到家之后，我就用这些农场主人用爱心种植的水芹开始腌制水芹酵素。最终会形成怎样的酵素呢？现在我就已经非常地期待了。

制作水芹酵素

Step 1 **购买主要材料（水芹800g）**

要选用绿色无污染的有机水芹制造酵素，可以去菜市场或者是超市购买。选择水芹的时候，一定要选择绿色鲜明，茎并不是很粗且叶子的长度都差不多的水芹。利用水芹的茎和叶子发酵。

Step 2 **加工主材料**

将水芹浸泡在干净的清水中10分钟左右，然后用流水清洗数次。从农田中采摘的水芹需要在水中浸泡更长时间，才能将那些异物全部清洗干净。洗好之后，尽可能地清除表面留下的水分，然后再切成适当的大小。

Step 3 **准备砂糖（白砂糖800g，主材料：白砂糖的比例是1 ：1）**

清除表面的水分之后，称量水芹的重量，然后准备相等重量的白砂糖。

Step 4 **腌制**

将水芹和60%的白砂糖均匀地混合在一起，然后装在容器中，装好之后，将剩余的40%的砂糖全部都倒入容器里面。

Step 5 **密封容器口，并且贴上标签**

如果是带有螺纹式盖子的容器，就先用力拧紧盖子，再稍微往回拧一点。如果没有螺纹式的盖子，就用布块或者是高丽纸将容器口密封，然后再用绳子绑紧。

将主材料的名字、腌制的日期和材料的功效等内容全部都记录到标签上，然后贴在容器上。

Step 6 **初期管理（15日）**

当材料上方覆盖的砂糖溶化了一半左右后，每天都需要上下晃动容器，使底部的砂糖也能更好地溶化。这个过程要一直进行到所有的砂糖全部都溶化为止，大概需要15天。

清洗的时候，不要使用醋等洗洁用品，只用清水进行清洗。

清洗结束后，放置在通风较好的环境中，清除材料表面多余的水分。

如果担心出现腐烂等现象，可以增加10%左右的砂糖量。

主材料和砂糖均匀地混合在一起，才能很好地进行发酵。

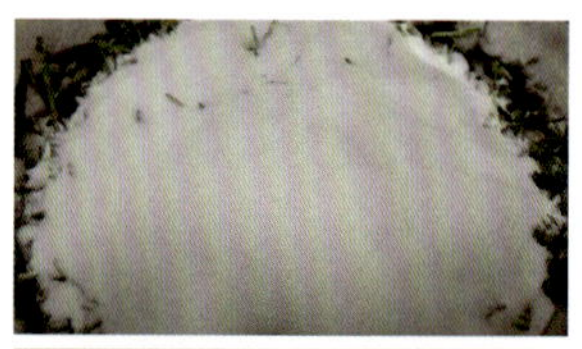

填满容器的80%即可，注意不要使用完全密封的容器。

进行初期管理的时候，用干净的木制或者塑料制的大勺子进行搅拌。

发酵第一阶段（6个月） 7 step

通常人们会在春季的时候腌制水芹，要把容器放在室内阴凉处，避免被阳光直射。从腌制的第一天开始，要进行长达180天的发酵过程，在这期间，要保持主材料完全浸没在发酵液里，这是非常关键的。只有这样，才能防止发霉和腐烂现象的出现，所以要适当地摁压主材料，使其完全浸泡在发酵液中，如果无法摁压的话，那么在整个发酵过程结束之前，至少一周要搅拌一次。

发酵的过程中材料的颜色会变深，所以很有可能即使出现了绿色的霉，我们也很难发现。所以管理酵素的时候一定要注意这一点。注意不要让水和异物进入发酵液中，因为水和异物在日后会引发腐烂现象。

过滤 8 step

发酵第一阶段结束之后，用过滤网对发酵液进行过滤，将过滤之后的发酵液放入另一个容器中。过滤后剩下的固体成分可以用来制作水芹酵素食用醋、水芹酵素腌菜和水芹酵素酒等。

发酵第二阶段和熟成（6个月） 9 step

将过滤后的水芹发酵液装入其他容器中，进入长达6个月的二次发酵和熟成过程。每周至少要观察 ·次，看看是否有发霉等现象出现。

请不要使用超过50℃的热水进行冲泡。

保管和饮用 10 step

在室温下进行保管，但是要避开热气。饮用时，酵素发酵液和饮用水的比例可以是1 ∶ 3，也可以根据个人的喜好进行调整。如果熟成的过程已经结束了，但是想停止发酵维持原味的话，就需要冷藏。

一道食谱 RECIPE

做鱼料理的时候放入一些水芹酵素，口感会非常酸甜。放入肉类菜肴也非常好。

让你头脑清晰、身体变暖

当归酵素

有民谚说“当归甚至能让离家出走的丈夫回来”，按照风俗，古代女人嫁人的时候，当归是必须要带的一种药材，可见其重要程度。

当归性温，口感微甜微辣。能够消除瘀热，有助于血液流通，还可以促进人体的新陈代谢，提高免疫力。此外还具有补血的作用，能够补充人体所需的血液，有助于血液的循环。当归能够起到提神醒脑、温补身体的作用，所以有助于手脚冰凉、怕冷的人。

当归的叶子富含维生素，有助于恢复食欲和气力。由于当归富含膳食纤维，所以对治疗便秘也有所帮助。我们可以在春天采集当归的嫩叶包饭、拌菜、制作酱汁等。

大奖 Will Life 中进行广告摄影的时候，作为“孝敬父母的酵素”介绍当归酵素。

几年前，我在全罗北道群山市的农场栽植当归苗，那个时候还一直担心不施任何肥料会出现什么后果，后来发现当归的长势非常好，内心顿时感到非常满意。因为可以收集完全无公害的当归了。

现在阳台种菜非常流行。如果是一个想要认认真真制作酵素的人，而且有大把的时间和耐心，也可以在家的阳台上准备出几平方米的地方，自己种植制造酵素的原料，相信这也是一个不错的开始。

为了正式开始制作当归酵素，我准备了需要的容器、秤、砂糖等材料和工具，然后重新回到了群山农场。看到在春天温暖的阳光下生长的当归嫩叶，我摘了一片放入了嘴里。当归的香气弥漫在我的嘴里，我再次感到了心满意足。相信这是只有制作酵素的人才能体会到的幸福。

将采集的当归清洗干净之后，我把洗干净的当归放到蒲篮里面沥干水分。结果邻居们都争先恐后地跑来说“我也要制作当归酵素”，于是每人拿走了一部分。虽然原材料一下子减少了很多，但是我一点都不觉得遗憾。对健康的分享就是酵素带来的快乐！

对女性而言，当归是非常好的药材。我去年春天制作的当归酵素，目前发酵得非常好。时不时地打开当归发酵容器的盖子时，就能闻到当归的香气和发酵的香气混合在一起的味道。经过发酵和熟成之后，原本那种刺鼻难闻的味道会逐渐消失，最终只剩下当归固有的香气。

所有的事物最后都要回归本质，这也是大自然不变的法则。

制作当归酵素

step 1 购买主要材料（当归800g）

在菜市场或者超市就能轻松地买到。购买当归的时候，一定要选择没有蛀虫的润泽的当归，最好连根一起食用。

step 2 加工主材料

将当归浸泡在干净的清水中10分钟左右，然后用流水清洗数次。当归洗好之后，尽可能地清除表面留下的水分，然后再切成适当的大小。

step 3 准备砂糖（白砂糖800g，主材料：白砂糖的比例是1 ： 1）

清除表面的水分之后，称量当归的重量，然后准备相等重量的白砂糖。

step 4 腌制

将当归和60%的白砂糖均匀地混合在一起，然后装在容器中。用力压实当归，使主材料和砂糖更好地混合，这样一来，发酵也能进行得更加顺畅。装好之后，将剩余的40%的砂糖全部都倒入容器里面。

step 5 密封容器口，并且贴上标签

如果是带有螺纹式盖子的容器，就先用力拧紧盖子，再稍微往回拧一点。如果没有螺纹式的盖子，就用布块或者是高丽纸将容器口密封，然后再用绳子绑紧。

将主材料的名字、腌制的日期和材料的功效等内容全部都记录到标签上，然后贴在容器上。

step 6 初期管理（15日）

当材料的上方覆盖的砂糖溶化了一半左右后，每天都需要上下晃动容器，使底部的砂糖也能更好地溶化。这个过程要一直进行到所有的砂糖全部都溶化为止，大概需要15天。

当归的根、茎、叶等都可以利用，整株当归都可以拿来制作酵素。要采集自然生长的当归，在房前屋后栽培的有机当归也可以。

清洗的时候，不要使用醋等洗洁用品，只用清水进行清洗。清洗结束后，放置在通风较好的环境中，清除材料表面多余的水分。

填满容器的80%即可，注意不要使用完全密封的容器。

进行初期管理的时候，用干净的木制或者塑料制的大勺子进行搅拌。

当归酵素一定要发酵180天的时间，才会具备良好的药性和口感。

利用当归酵素固体成分中当归的根部泡酒，酒的香气会越发的浓香。

注意不要让水和异物进入发酵液中，因为水和异物在日后会引发腐烂现象。

请不要使用超过50℃的热水进行冲泡。

发酵第一阶段（6个月） 7 step

通常人们会在春季的时候腌制当归，要把容器放在室内阴凉处，避免被阳光直射。从腌制的第一天开始，要进行长达180天的发酵过程，在这期间，要保持主材料完全浸没在发酵液里，这是非常关键的。只有这样，才能防止发霉和腐烂现象的出现，所以要适当地摁压主材料，使其完全浸泡在发酵液中，如果无法摁压的话，那么在整个发酵过程结束之前，至少一周要搅拌一次。

过滤 8 step

发酵第一阶段结束之后，用过滤网对发酵液进行过滤，将过滤后的发酵液放入另一个容器中。过滤后剩下的固体成分可以用来制作当归酵素食用醋、当归酵素腌菜、当归酵素酒和当归酵素茶等。

发酵第二阶段和熟成（6个月） 9 step

将过滤后的当归发酵液装入其他容器中，进入长达6个月的二次发酵和熟成过程。每周至少要观察一次，看看是否有发霉等现象出现。

保管和饮用 10 step

在室温下进行保管，但是要避开热气。饮用时，酵素发酵液和饮用水的比例可以是1 ：3，也可以根据个人的喜好进行调整。如果熟成的过程已经结束了，但是想停止发酵维持原味的话，就需要冷藏。

一道食谱 RECIPE

家里来客人的时候，用低于50℃的水冲泡香浓的当归酵素，再加上几片切好的大枣和几颗松子，就调配出一杯风味与众不同很有营养的汉方茶。

为孩子准备的好喝饮料

草莓酵素

草莓富含维生素C，有助于恢复元气和皮肤保养。特别是到了流行感冒的季节，草莓还具有预防感冒的功效，是一种对人体非常有益的水果。用草莓制作的酵素，加入到酸奶或者牛奶中饮用，具有补钙的功效。所以适合成长期的儿童和老年人，是非常好的健康食品。

KBS TV《想问就问》节目，介绍草莓酵素

我收到过好几次KBS《想问就问》栏目组的邀请，希望我参加他们的节目，而且还说不仅需要参与现场直播，还要到家里来进行录制。我感觉各方面都很麻烦，所以坚决推辞了这个邀请。最终他们告诉我可以只进行摄像，所以我才答应参加了摄像的环节。在节目中我介绍了几种酵素，并且亲自演示了制作酵素的过程。

这让我有一段时间苦恼于要演示哪些酵素的问题。经过一番思想斗争之后，我最终选择了草莓酵素。到了春季，天气开始变暖，这个时候也是草莓上市的时节。随着气温变暖，草莓的价格也会下降很多。这时候大量地购买草莓，腌制草莓酵素是再好不过的事情了。

制作草莓酵素

Step 1 购买主要材料（草莓800g）

在菜市场或者超市中就能轻松购买到草莓，要选择有机栽培的草莓进行购买，最好是末端没有出现萎蔫的现象，叶子的颜色是浓浓的绿色，果肉呈现的红色均匀地分布到最末端的草莓。

由于草莓的果肉非常柔嫩，所以要用清水快速进行清洗。

Step 2 加工主材料

草莓不要浸泡在水里，如果在水里浸泡的时间超过了30秒，草莓中含有的维生素C就会溶解到水里。所以只能用清水尽快进行清洗。清洗干净之后，最大限度地清除表面多余的水分。

Step 3 准备砂糖（白砂糖800g，主材料：白砂糖的比例是1∶1）

清除表面的水分之后，称量草莓的重量，然后准备相等重量的白砂糖。

如果担心出现腐烂等现象，可以增加10%左右的砂糖量。

Step 4 腌制

将草莓和60%的白砂糖均匀地混合在一起，然后装在容器中。用力压实草莓，使主材料和砂糖更好地混合，这样一来，发酵也能进行得更加顺畅。装好之后，将剩余的40%的砂糖全部都倒入容器里。

Step 5 密封容器口，并且贴上标签

如果是带有螺纹式盖子的容器，就先用力拧紧盖子，再稍微往回拧一点。如果没有螺纹式的盖子，就用布块或者是高丽纸将容器口密封，然后再用绳子绑紧。

将主材料的名字、腌制的日期和材料的功效等内容全部都记录到标签上，然后贴在容器上。

填满容器的80%即可，注意不要使用完全密封的容器。

进行初期管理的时候，用干净的木制或者塑料制的大勺子进行搅拌。

Step 6 初期管理（15日）

当材料上方覆盖的砂糖溶化了一半左右后，每天都需要上下晃动容器，使底部的砂糖也能更好地溶化。这个过程要一直进行到所有的砂糖全部都溶化为止，大概需要15天左右。

发酵的过程中果肉会漂浮上来，并且出现变褐现象，这都属于正常的发酵过程，所以无须担心。注意不要让水和异物进入发酵液中，因为水和异物在日后会引发腐烂现象。经过180天的发酵之后，将草莓酵素的固体成分放入锅中煮一会儿，然后用果酱机进行研磨。研磨完之后，再次放入锅中煮30分钟左右，就能制作出非常可口的草莓酱了。

请不要使用超过50℃的热水进行冲泡。

发酵第一阶段（6个月） 7 step

通常人们会在春季的时候腌制草莓，要把容器放在室内阴凉处，避免被阳光直射。从腌制的第一天开始，要进行长达180天的发酵过程，在这期间，要保持主材料完全浸没在发酵液里，这是非常关键的。只有这样，才能防止发霉和腐烂现象的出现，所以要适当地摁压主材料，使其完全浸泡在发酵液中，如果无法摁压的话，那么在整个发酵过程结束之前，至少一周要搅拌一次。

过滤 8 step

发酵第一阶段结束之后，用过滤网对发酵液进行过滤，将过滤后的发酵液放入另一个容器中。过滤后剩下的固体成分可以用来制作草莓酵素食用醋、草莓酵素酒等。还可以用来制作草莓酵素饮料，而且只需要用别的容器保管好草莓酵素的固体成分就可以了。日后磨成酱，加入到牛奶或者酸奶中服用，是对身体非常有益的健康饮料。

发酵第二阶段和熟成（6个月） 9 step

将过滤后的草莓发酵液装入其他容器中，进入长达6个月的二次发酵和熟成过程。每周至少要观察一次，看看是否有发霉等现象出现。

保管和饮用 10 step

在室温下进行保管，但是要避开阳光直射的环境和热气。饮用时，酵素发酵液和饮用水的比例可以是1 ∶ 3，也可以根据个人的喜好进行调整。如果熟成的过程已经结束了，但是想停止发酵维持原味的话，就需要冷藏。

一道食谱 RECIPE

无论男女老少，都喜欢草莓，将草莓酵素加入到牛奶或者是酸奶中饮用，或者是夏季的时候加入到清爽的冰沙拉中，能起到锦上添花的效果。

香甜爽口的5月香气

洋槐酵素

洋槐是一种温带树种，它的花含有丹宁酸、黄酮类和赖氨酸等特殊的成分。而且洋槐的花蜜中含有以谷氨酸为首的大多数人体所必须的氨基酸，因此是一种广受欢迎的蜂蜜品种，各大超市中均有销售。但是你们知道新鲜的洋槐花也是制造酵素的好材料吗?

在过去经常饿肚子的时期，孩子们都会去采集洋槐的花充饥。对主要以大米作为主食的韩国人而言，这种饮食习惯很容易造成赖氨酸缺乏，而洋槐的花蜜中正好含有这种氨基酸。所以，无论是出于营养方面，还是口味方面，洋槐花都是生活中必备食品之一。将洋槐的花浸泡在蜂蜜里制作的洋槐花茶，是非常有益健康的花草茶。

SBS《Morning Wide》节目中作者介绍这种春季腌制的花卉类酵素

由于利用洋槐花制作的酵素，性寒，无毒，所以最适合上火发炎时饮用。

我们一家人生活的安养市有冠岳山、三圣山和修理山等名山。我们家正位于修理山脚下，随时都能去爬山，这让我们的生活变得非常幸福。春季的时候，我们一家人会经常去登山。在登山的过程中会看到小时候在郊区经常看到的鸡油菌、粪伞菌等蘑菇，还有山葡萄和猕猴桃等果树以及各种野菜。

洋槐花香扑鼻的5月，我走在了修理山的山路上。到处都开满了芳香的花朵，我在山上采摘了一些制造酵素的好材料，就是散发着香甜的洋槐花。

性寒、味苦、无毒的洋槐花，用它制造的花蜜和花茶都是有益于人体健康的补药。那么用这种花制造的酵素怎么样呢？非常期待它会酝酿出什么样的酵素来吧？

制作洋槐花酵素

Step 1 购买主要材料（洋槐800g）

洋槐树随处可见，洋槐花主要在5月的时候盛开。那时候采集洋槐的花是非常容易的。最好选择山上或者是树林里生长的自然原生的洋槐花。最好选择不要太过盛开的花朵，不要收集有可能喷施农药及公路两边的洋槐花。

清洗之前不要浸泡在水里。

Step 2 加工主材料

将洋槐花浸泡在干净的清水中，尽可能地快速清洗，然后最大限度地清除表面的水分。

Step 3 准备砂糖（白砂糖800g，主材料：白砂糖的比例是1：1）

清除表面的水分之后，称量洋槐花的重量，然后准备相等重量的白砂糖。

如果担心出现腐烂等现象，可以增加10%左右的砂糖量。

Step 4 腌制

将洋槐花和60%的白砂糖以交叠的形式层层放入容器里。用力压实洋槐花，使主材料和砂糖更好地混合，这样一来，发酵也能进行得更加顺畅。装好之后，将剩余的40%的砂糖全部都倒入容器里。

制作洋槐花酵素时，如果和白砂糖一起进行搅拌的话，很有可能导致花瓣受损，所以要以交叠的形式层层放入容器中。

进行初期管理的时候，用干净的木制或者塑料制的大勺子进行搅拌。

Step 5 密封容器口，并且贴上标签

如果是带有螺纹式盖子的容器，就先用力拧紧盖子，再稍微往回拧一点。如果没有螺纹式的盖子，就用布块或者是高丽纸将容器口密封，然后再用绳子绑紧。将主材料的名字、腌制的日期和材料的功效等内容全部都记录到标签上，然后贴在容器上。

Step 6 初期管理（15日）

当材料的上方覆盖的砂糖溶化了一半左右后，每天都需要上下晃动容器，使底部的砂糖也能更好地溶化。这个过程要一直进行到所有的砂糖全部都溶化为止，大概需要15天。

发酵的过程中不会出现花的香气，反而会出现很刺鼻的味道，这属于正常的发酵过程，所以只需要继续进行发酵就可以了。

注意不要让水和异物进入发酵液中，因为水和异物在日后会引发腐烂现象。

请不要使用超过50℃的热水进行冲泡。

发酵第一阶段（6个月） 7 step

把容器放在室内阴凉处，避免被阳光直射。从腌制的第一天开始，要进行长达180天的发酵过程，在这期间，要保持主材料完全浸没在发酵液里，这是非常关键的。只有这样，才能防止发霉和腐烂现象的出现，所以要适当地摁压主材料，使其完全浸泡在发酵液中，如果无法摁压的话，那么在整个发酵过程结束之前，至少一周要搅拌一次。

过滤 8 step

发酵第一阶段结束后，用过滤网对发酵液进行过滤，将过滤之后的发酵液放入另一个容器中。过滤后剩下的固体成分可以用来制作洋槐花酵素食用醋、洋槐花酵素酒和洋槐花酵素茶等。

发酵第二阶段和熟成（6个月） 9 step

将过滤后的洋槐花发酵液装入其他容器中，进入长达6个月的二次发酵和熟成过程。每周至少要观察一次，看看是否有发霉等现象出现。

保管和饮用 10 step

在室温下进行保管，但是要避开阳光直射的环境和热气。饮用时，酵素发酵液和饮用水的比例可以是1 ∶ 3，也可以根据个人的喜好进行调整。如果熟成的过程已经结束了，但是想停止发酵维持原味的话，就需要冷藏。

一道食谱 RECIPE

春季出去效游的时候，来一杯加有洋槐花酵素的清爽饮料吧，这不比其他的那些凉茶差哦。

韩国人饭桌的守护神

生菜酵素

生菜的颜色有很多种，包括嫩绿色、深绿色、紫色等。不管是什么种类的生菜，嫩叶都是绿色且柔嫩的，有一种微苦且特有的甜味。生菜是具有代表性的绿黄色蔬菜，是非常好的维生素A的供给源，但是维生素C的含量并不多。切开叶子和茎的时候，会流出乳白色的黏液，其中包含了能够治疗失眠症的成分，所以吃大量的生菜有助于治疗失眠。丰富的维生素A能够帮助人体吸收钙，所以也有助于治疗骨质疏松症。生菜中含有的叶黄素有助于眼部保健，而且由于富含纤维，所以有助于预防便秘。

KBS TV在《想问就问》节目摄影时介绍有助于改善失眠症的酵素

去年春天，我在附近的农场里种植了100棵生菜。但是由于事情太多，忙得没时间去照管。由于主人的懒惰，也着实让生菜吃了不少的苦头。就在我快要把生菜忘得一干二净的时候，有一天，妻子说要吃烤五花肉，让我去摘一些生菜回家。这才让我想起已被我抛到九霄云外的生菜，我完全不抱希望地去了农场，心想要是已经死掉了就去市场买一点好了。结果，发生什么事了？既没有下雨，也没有浇水，农场里的生菜竟然生长得那么茂盛！“难道这是不用浇水也能生长得很好的新品种吗？这也太神奇了吧。”我自言自语道。这时有人走了过来，原来是住在隔壁农场的老人家。

“我还在纳闷是哪家没心的人种的，总算是过来了呀。前阵子看它们都快要死掉了，我实在看不下去了，就给它们浇水了。”听到老人家说这些话，我实在是无颜继续站在那里，真想找个耗子洞钻进去算了。我给老人家鞠了好几次的躬，向他表达了我的歉意和感谢之情。老人家您可是拯救了我们家的生菜啊！以后我一定不会这么疏忽它们，一定会好好地照顾它们的。

生菜总是扮演着守护神的角色，一年四季都出现在我们的饭桌上，守护着我们的身体健康，既可以热炒，也可以拿来凉拌。我怀着愧疚的心情将收获的有机生菜拿去制作了生菜酵素。结果不仅色泽好看，口味也相当不错！

制作生菜酵素

Step 1 **购买主要材料（生菜800g）**

要选择叶子比较饱满且颜色比较淡，并且很好地保持着固有的绿色，切开的时候会流出乳白色黏液的有机生菜。

Step 2 **加工主材料**

选择新鲜的生菜，浸泡10分钟左右，然后用流水清洗数次。太大的生菜切成2厘米大小，也可以用整个生菜制作酵素。

Step 3 **准备砂糖（白砂糖800g，主材料：白砂糖的比例是1 ： 1）**

清除表面的水分之后，称量生菜的重量，然后准备相等重量的白砂糖。

Step 4 **腌制**

将生菜和60%的白砂糖均匀地混合在一起，然后装在容器中。用力压实生菜，使主材料和砂糖更好地混合，这样一来，发酵也能进行得更加顺畅。装好之后，将剩余的40%的砂糖全部都倒入容器里。生菜在大容器中进行搅拌之后，再过一两天，就能放入小一些的容器中。

Step 5 **密封容器口，并且贴上标签**

如果是带有螺纹式盖子的容器，就先用力拧紧盖子，再稍微往回拧一点。如果没有螺纹式的盖子，就用布块或者是高丽纸将容器口密封，然后再用绳子绑紧。

将主材料的名字、腌制的日期和材料的功效等内容全部都记录到标签上，然后贴在容器上。

Step 6 **初期管理（15日）**

当材料上方覆盖的砂糖溶化了一半左右后，每天都需要上下晃动容器，使底部的砂糖也能更好地溶化。这个过程要一直进行到所有的砂糖全部都溶化为止，大概需要15天。

生菜容易变质，所以展开之后要尽快地清除表面的水分。
清洗的时候，不要使用醋等洗洁用品，只用清水进行清洗。清洗结束后，放置在通风较好的环境中，清除材料表面多余的水分。

填满容器的80%即可。

注意不要使用完全密封的容器。进行初期管理的时候，用干净的木制或者塑料制的大勺子进行搅拌。

发酵的过程中会出现颜色逐渐变化的现象，这属于发酵过程中的正常现象，所以无须担心。
注意不要让水和异物进入发酵液中，因为水和异物在日后会引发腐烂现象。

请不要使用超过50℃的热水进行冲泡。

发酵第一阶段（6个月） 7 step

通常人们会在春季或者夏季的时候腌制生菜，要把容器放在室内阴凉处，避免被阳光直射。如果在秋季的时候腌制生菜，很有可能会出现冻裂的现象，所以不要在室外进行保管。从腌制的第一天开始，要进行长达180天的发酵过程，在这期间，要保持主材料完全浸没在发酵液里，这是非常关键的。只有这样，才能防止发霉和腐烂现象的出现，所以要适当地摁压主材料，使其完全浸泡在发酵液中，如果无法摁压的话，那么在整个发酵过程结束之前，至少一周要搅拌一次。

过滤 8 step

发酵第一阶段结束后，用过滤网对发酵液进行过滤，将过滤之后的发酵液放入另一个容器中。过滤后剩下的固体成分可以用来制作生菜酵素食用醋、生菜酵素腌菜等。

发酵第二阶段和熟成（6个月） 9 step

将过滤后的生菜发酵液装入其他容器中，进入长达6个月的二次发酵和熟成过程。每周至少要观察一次，看看是否有发霉等现象出现。

保管和饮用 10 step

在室温下进行保管，但是要避开热气。饮用时，酵素发酵液和饮用水的比例可以是1 ∶ 3，也可以根据个人的喜好进行调整。如果熟成的过程已经结束了，但是想停止发酵维持原味的话，就需要冷藏。

一道食谱 RECIPE

制作黄瓜醋拌菜的时候加入一点生菜酵素，也可以在制作炒肉的时候放入一点生菜酵素，你会发现它们是绝配。如果睡觉之前喝生菜酵素，还能够起到有助于睡眠的效果。

降压和控制尿糖的双重功效

洋葱酵素

最近广受人们关注的酵素就要数洋葱酵素了。洋葱能够将血液中的脂肪和胆固醇排出体外，具有降低血压的作用，研究还表明洋葱对糖尿病也有疗效，而且还能促进血液循环，强化肠胃机能，具有强健身体的功效。在中国料理中，洋葱是一种必不可少的烹饪材料，预热的时候，洋葱的辣味就会变成甜味，这也是洋葱的一大特点。

KBS TV 在《想问就问》节目中摄影的时候，制作酵素的时候试验的酵素
SBS TV 在《Morning Wide》节目中摄影的时候，介绍说具有保护血管作用的酵素

3年前，我曾到边山半岛旅行，我一眼就看到了大家在农田里收割的情景。像我这样的种植痴人怎么可能错过这样的事情，就把车停在了路边，走向了正在努力工作的农民。

原来是洋葱。已经有很多洋葱被堆成一堆一堆，大妈们止在把洋葱装入网状的袋子中。我拿起了一个洋葱仔细一看，外层的皮已经干了，洋葱的香气很好闻。

“看来今年的收成很不错呀。”

“是啊，这可是有机栽植的洋葱哦。”听到这句话，我的耳朵立刻竖了起来，对于天生就是酵素爱好者的我而言，看到如此优质的材料，是不可能错过的。我当场购买了10kg洋葱，第二天就结束了我的旅行回到了家里。

打开后备箱，一阵刺鼻的香气扑鼻而来。伸手一摸，袋子里面的洋葱依然很新鲜。很偶然的在边山半岛遇到的洋葱，就这样被腌制成了酵素，不知不觉已经变成了发酵了足足3年时间的洋葱酵素。

制作洋葱酵素

Step 1 购买主要材料（洋葱800g）

在菜市场或者超市中就能很轻松地购买到，最近，不仅春季和初夏的时候能够收获洋葱，秋季也能培植洋葱。

Step 2 加工主材料

如果确定是有机栽植的洋葱，那么只需要将外面的薄膜部分清除，尽可能多地利用洋葱的外皮。但是，如果并不能确定是有机栽培的话，那么最好把外层的洋葱皮剥掉之后，再制作成洋葱酵素较好。洋葱洗好之后，尽可能地清除表面留下的水分，然后再切成适当的大小。

Step 3 准备砂糖（白砂糖800g，主材料：白砂糖的比例是1：1）

清除表面的水分之后，称量洋葱的重量，然后准备相等重量的白砂糖。

Step 4 腌制

将洋葱和60%的白砂糖均匀地混合在一起，然后装在容器中。用力压实洋葱，使主材料和砂糖更好地混合，这样一来，发酵也能进行得更加顺畅。装好之后，将剩余的40%的砂糖全部都倒入容器里。

Step 5 密封容器口，并且贴上标签

如果是带有螺纹式盖子的容器，就先用力拧紧盖子，再稍微往回拧一点。如果没有螺纹式的盖子，就用布块或者是高丽纸将容器口密封，然后再用绳子绑紧。

将主材料的名字、腌制的日期和材料的功效等内容全部都记录到标签上，然后贴在容器上。

Step 6 初期管理（15日）

当材料上方覆盖的砂糖溶化了一半左右后，每天都需要上下晃动容器，使底部的砂糖也能更好地溶化。这个过程要一直进行到所有的砂糖全部都溶化为止，大概需要15天。

要选择粗实、外皮很好清除、具有强烈香气的洋葱。外皮颜色发红的洋葱较好。长出芽或者是长出根的洋葱含有的水分较少，制作的酵素口感也会变差，所以尽量不要选择这类的。

清洗的时候，不要使用醋等洗洁用品，只用清水进行清洗。球根类的植物很有可能随着根部带入一些有害物质，所以清洗的时候一定要非常用心。

洋葱清洗结束后，放置在通风较好的环境中，清除材料表面多余的水分。

填满容器的80%即可，注意不要使用完全密封的容器。

进行初期管理的时候，用干净的木制或者塑料制的大勺子进行搅拌。

注意不要让水和异物进入发酵液中，因为水和异物在日后会引发腐烂现象。
发酵的过程中会出现发霉的现象，所以要格外注意才行。

请不要使用超过50℃的热水进行冲泡。

发酵第一阶段（6个月） 7 step

把容器放在室内阴凉处，避免被阳光直射。如果是秋季进行腌制的话，那么将容器放在室外不仅不能发酵，还很有可能会出现容器冻裂的危险。从腌制的第一天开始，要进行长达180天的发酵过程，在这期间，要保持主材料完全浸没在发酵液里，这是非常关键的。只有这样，才能防止发霉和腐烂现象的出现，所以要适当地摁压主材料，使其完全浸泡在发酵液中，如果无法摁压的话，那么在整个发酵过程结束之前，至少一周要搅拌一次。

过滤 8 step

发酵第一阶段结束后，用过滤网对发酵液进行过滤，将过滤后的发酵液放入另一个容器中。过滤后剩下的固体成分可以用来制作洋葱酵素食用醋、洋葱酵素腌菜和洋葱酵素酒等。

发酵第二阶段和熟成（6个月） 9 step

将过滤后的洋葱发酵液装入其他容器中，进入长达6个月的二次发酵和熟成过程。每周至少要观察一次，看看是否有发霉等现象出现。

保管和饮用 10 step

在室温下进行保管，但是要避开阳光直射的环境和热气。饮用时，酵素发酵液和饮用水的比例可以是1 ∶ 3，也可以根据个人的喜好进行调整。如果熟成的过程已经结束了，但是想停止发酵维持原味的话，就需要冷藏。

一道食谱 RECIPE

洋葱酵素是非常适合肉类料理的酵素，用调味料腌制肉类的时候，如果加入洋葱酵素，能够起到清除膻味的作用。

3

SUMMER
夏季制造的酵素

能够稳定心神的香气

芹菜酵素

芹菜具有净化血液的功效。有很多人因为过度兴奋或者是不安而饱受精神上的折磨，而芹菜含有助于治疗这种症状的成分。芹菜富含钙和食用纤维，而且还含有褪黑激素，有助于缓解失眠症。特别是对脂肪肝有非常好的疗效，因此受到了很多人的关注。

去年春天，我通过朋友拜访了某个农场。进入农场之后，我被其巨大的规模所震撼，看到里面嫩绿嫩绿的芹菜，我再次受到了很大的震撼。那个瞬间，我真正体会到了什么叫做真正上规模的大型农场。

回去的时候，农场的主人送了我几棵芹菜苗。我马不停蹄地回到了家里，那时已经快天黑了，我担心小苗会被干死，所以就在附近的周末农场找了一块地快速地栽上了。庆幸的是，芹菜小苗生长得非常健壮，而且长得非常快，没过多久就在我们家的饭桌上出现了，给我们一家人带来了不一样的颜色和香气。春季过去之后，我把收割的芹菜拿到了公司和很多人一起分享。吃了芹菜包饭的职员们都不约而同地竖起了大拇指。

芹菜是具有香甜口感，且非常新鲜的食材。不仅能够净化血液，而且含有缓解过度兴奋和不安症状的成分，有助于缓解现代人的压力。这种像补药一样的食物，我怎么可能不拿来制作成酵素呢？我把长得较好的芹菜一次性全部收割了，用来制作了芹菜酵素。芹菜酵素是一种非常有益于身体健康的食品。特别是得知了它对脂肪肝有非常好的疗效之后，目前受到了很多人的关注。

制作芹菜酵素

Step 1 购买主要材料（芹菜800g）

最好选择新鲜的有机芹菜，可以在菜市场或者超市轻松购买到。芹菜的根、茎、叶都可以用来制作酵素。

Step 2 加工主材料

将芹菜在清水中浸泡10分钟左右，然后用流水清洗数次。如果连根腌制的话，就要格外注意根部的清洁。洗好之后，尽可能地清除表面留下的水分，然后再切成适当的大小。

Step 3 准备砂糖（白砂糖800g，主材料：白砂糖的比例是1∶1）

清除表面的水分之后，称量芹菜的重量，然后准备相等重量的白砂糖。

Step 4 腌制

将芹菜和60%的白砂糖均匀地混合在一起，然后装在容器中。用力压实芹菜，使主材料和砂糖更好地混合，这样一来，发酵也能进行得更加顺畅。装好之后，将剩下余的40%的砂糖全部都倒入容器里。

Step 5 密封容器口，并且贴上标签

如果是带有螺纹式盖子的容器，就先用力拧紧盖子，再稍微往回拧一点。如果没有螺纹式的盖子，就用布块或者是高丽纸将容器口密封，然后再用绳子绑紧。将主材料的名字、腌制的日期和材料的功效等内容全部都记录到标签上，然后贴在容器上。

Step 6 初期管理（15日）

当材料上方覆盖的砂糖溶化了一半左右后，每天都需要上下晃动容器，使底部的砂糖也能更好地溶化。这个过程要一直进行到所有的砂糖全部都溶化为止，大概需要15天。

Step 7 发酵第一阶段（6个月）

通常人们都在春末或者夏季的时候腌制芹菜，要把容器放在室内阴凉处，避免被阳光直射。从腌制的第一天开始，要进行长达180天的发酵过程，在这期间，要保持主材料完全浸没在发酵液里，这是非

选择叶子是绿色的，茎是嫩绿色的芹菜。茎越粗越长，茎部的凹凸纹理越明显越好。
茎、叶和根全部都能用来制作酵素，仅用茎制作也是可以的。

清洗的时候，不要使用醋等洗洁用品，只用清水进行清洗。清洗结束后，放置在通风较好的环境中，清除材料表面多余的水分。
如果担心出现腐烂等现象，可以增加10%左右的砂糖量。

填满容器的80%即可，注意不要使用完全密封的容器。
进行初期管理的时候，用干净的木制或者塑料制的大勺子进行搅拌。
腌制的过程中会出现很多的泡沫，但这属于正常的现象，所以只需要继续进行搅拌就可以了。

注意不要让水和异物进入发酵液中，因为水和异物会成为日后出现腐烂现象的原因。

请不要使用超过50℃的热水进行冲泡。

常关键的。只有这样，才能防止发霉和腐烂现象的出现，所以要适当地摁压主材料，使其完全浸泡在发酵液中，如果无法摁压的话，那么在整个发酵过程结束之前，至少一周要搅拌一次。

过滤 8 step

发酵第一阶段结束后，用过滤网对发酵液进行过滤，将过滤后的发酵液放入另一个容器中。过滤后剩下的固体成分可以用来制作芹菜酵素食用醋、芹菜酵素腌菜、芹菜酵素酒和芹菜酵素茶等。

发酵第二阶段和熟成（6个月） 9 step

将过滤后的芹菜发酵液装入其他容器中，进入长达6个月的二次发酵和熟成过程。每周至少要观察一次，看看是否有发霉等现象出现。

保管和饮用 10 step

在室温下进行保管，但是要避开阳光直射的环境和热气。饮用时，酵素发酵液和饮用水的比例可以是1 ∶ 3，也可以根据个人的喜好进行调整。如果熟成的过程已经结束了，但是想停止发酵维持原味的话，就需要冷藏。

一道食谱 RECIPE

制作油炸饼料理的时候，在调料酱中加入一点芹菜酵素，口感更佳。也可以加入各种沙拉中，口感会更加爽口。

肠胃好舒服，消化更顺畅

梅子酵素

梅子是梅树的果实，5月末到6月中旬的时候，果实就会呈现出绿色。梅树的原产地是中国，从3000多年前开始就被当做是很好的健康辅助食品。梅子的果皮是浅绿色的，果肉比较硬，具有非常强的酸味。用梅子制成的零食有很多种，有黄色且散发香气的黄梅、利用晒干的青梅制作而成的金梅、用盐水腌制之后晒干而成的白梅和去掉外皮后通过熏蒸的方式制成的乌梅等。在韩国，主要在全罗南道顺天、光阳、庆尚南道和庆尚北道等地栽植梅树。人们常说“只要家里有一棵梅树，就无需准备其他的补药”，梅子是非常有益于身体健康的食品。而梅子酵素在清除人体毒素方面有卓越的效果。因为腹泻而不停地跑卫生间，或者腹胀不消化的时候，梅子酵素都能发挥非常显著的治疗功效。

KBS TV《生老病死的秘密》中介绍可以加入到早餐中服用的酵素

到了6月中旬的时候，我从来不会错过的事情就是到处寻找优质的梅子。某个周六的下午，妻子突然提议去顺天旅行,和她一起经营幼儿园的合伙人的父母在那里有一家梅子农场。我们一家人踏出了家门，抵达农场的时候已经是晚上了。农场主夫妇非常热情地招待了我们。他们为我们准备了丰盛的晚餐，那天吃到的酸酸甜甜的梅子腌菜，直到现在我都无法忘怀！我们吃完了晚饭之后，还得寸进尺地在他们家过了一夜。或许是旅行太过劳累的缘故，我们一家人都睡得非常香。

第二天早晨，当我睁开眼睛的时候，农场夫妇已经准备要收割梅子了。整个上午我们全家也帮着他们一起采摘梅子，不过实质上我们没能帮上多少忙。吃完午餐之后，我们便与农场主夫妇道别了。

老人家亲手将一箱子梅子放到了车的后备箱中，说："也没什么可以送的，这是我们农场里无公害的有机梅子，拿回去制作梅子酵素吧。"

回来的路上，我和家人一直都在谈论着这次愉快的旅行。借此机会，我也想对两位老人家的盛情款待表示感谢。我回家之后便开始腌制梅子酵素，准备酿好之后送去顺天给他们尝尝，因为我非常希望他们能够品尝到用自己栽培的梅子制作的酵素。

制作梅子酵素

Step 1 **购买主要材料（梅子800g）**

要选择嫩绿色的，具有很强酸味的青梅，这样才能制作出具有浓浓香气，酸甜且药性优质的酵素。保管的时候一定要注意水分，只有保持了水分，才能制作出大量的酵素。

Step 2 **加工主材料**

市售的梅子通常情况下都不会进行清洗，所以我们购买回来之后一定要清洗干净。将梅子在清水中浸泡10分钟左右，这样一来，表面的脏东西就容易洗掉了。洗好之后，尽可能地清除表面的水分，这样就能制作出没有腐烂现象的梅子酵素了。

Step 3 **准备砂糖（白砂糖800g，主材料：白砂糖的比例是1：1）**

清除表面的水分之后，称量梅子的重量，然后准备相等重量的白砂糖。

Step 4 **腌制**

将梅子和60%的白砂糖以层层叠加的方式放入容器里。用力压实梅子，使主材料和砂糖更好地混合，这样一来，发酵能进行得更加顺畅。装好之后，将剩余的40%的砂糖全部都倒入容器里。

Step 5 **密封容器口，并且贴上标签**

如果是带有螺纹式盖子的容器，就先用力拧紧盖子，再稍微往回拧一点。如果没有螺纹式的盖子，就用布块或者是高丽纸将容器口密封，然后再用绳子绑紧。

将主材料的名字、腌制的日期和材料的功效等内容全部都记录到标签上，然后贴在容器上。

Step 6 **初期管理（15日）**

当材料上方覆盖的砂糖溶化了一半左右后，每天都需要上下晃动容器，使底部的砂糖也能更好地溶化。这个过程要一直进行到所有的砂糖全部都溶化为止，大概需要15天。

一定要把梅子蒂部分长得像芽的东西去掉再拿来制作酵素。这样一来，梅子酵素中的苦味会少一些。

如果担心出现腐烂等现象，可以增加10%左右的砂糖量。

填满容器的80%即可，注意不要使用完全密封的容器。

进行初期管理的时候，用干净的木制或者塑料制的大勺子进行搅拌。

梅子酵素属于发酵的过程中会出现很多泡沫的酵素之一，所以发酵的过程中需要用心地进行管理。如果发酵和熟成的过程足够长的话，能够清除梅子核的毒性，可以制作成具有优质功效的酵素。注意不要让水和异物进入发酵液中，因为水和异物会成为日后出现腐烂现象的原因。

请不要使用超过50℃的热水进行冲泡。

发酵第一阶段（6个月） 7 step

通常人们会在夏季的时候腌制梅子酵素，要把容器放在室内阴凉处，避免被阳光直射。从腌制的第一天开始，要进行长达180天的发酵过程，在这期间，要保持主材料完全浸没在发酵液里，这是非常关键的。只有这样，才能防止发霉和腐烂现象的出现，所以要适当地摁压主材料，使其完全浸泡在发酵液中，如果无法摁压的话，那么在整个发酵过程结束之前，至少一周要搅拌一次。

过滤 8 step

发酵第一阶段结束后，用过滤网对发酵液进行过滤，将过滤后的发酵液放入另一个容器中。过滤后剩下的固体成分可以用来制作梅子酵素食用醋、梅子酵素腌菜、梅子酵素酒和梅子酵素茶等。

发酵第二阶段和熟成（6个月） 9 step

将过滤后的梅子发酵液装入其他容器中，进入长达6个月的二次发酵和熟成过程。每周至少要观察一次，看看是否有发霉等现象出现。

保管和饮用 10 step

在室温下进行保管，但是要避开阳光直射的环境和热气。饮用时，酵素发酵液和饮用水的比例可以是1 ：3，也可以根据个人的喜好进行调整。如果熟成的过程已经结束了，但是想停止发酵维持原味的话，就需要冷藏。

一道食谱 RECIPE

将梅子酵素加入到各种肉类的料理中，能够使肉质变嫩且消除肉类特有的膻味。也可以当做家庭常备药，腹泻的时候吃，效果非常显著。

强健血管、抗癌祛风

香菇酵素

在春季或秋季的时候，在栎树和栗树等干枯的阔叶树上会长出香菇来，它也可以人工栽培。香菇的脂肪含量很低，含有丰富的膳食纤维。香菇中含有一种名为“eridademin”的物质，能够降低血液中的胆固醇数值，还能强健血管，提高对癌症的抵抗力，抑制癌细胞扩散。香菇的孢子中含有控制风症的成分，香菇在变干的过程中会形成一种名为鸟苷酸钠的氨基酸，能够提高香菇的香气和口感。最好选择蘑菇的伞开得不大，颜色鲜明，没有褶皱的香菇。

KBS TV 在《想问就问》节目中介绍对血管有益的酵素

4年前，我在去全罗北道岳母家的时候，顺路进行了一次马耳山之旅。沿着登山的入口往里走，眼前会出现一个美丽的水库。再往上走，我看到了1935年创建的寺庙，这是一座非常雅致的寺庙，被周围屏风一样围绕的马耳山保护着。寺庙的周围有一些古老的石塔，据说无论有多大的狂风暴雨，这个石塔都绝对不会倒塌。到了寒冷的冬季时，这里能够看到倒挂着的垂冰的奇景。

从马耳山下来后，我们在山脚下吃了猪肉烧烤，喝了米酒，一路山行的疲惫被美酒清洗殆尽，太阳快要落山时，我们终于来到了岳父岳母的香菇农场。这是一个利用栎树培殖香菇的农场。岳父亲自泡了茶给我们喝。拿起茶杯时，我瞬间被一种酸酸甜甜的香浓气息迷住了。再次品味了一下，原来是香菇的香气。难道是茶水里添加了用香菇制作的酵素吗？我一问，果不其然，的确是发酵了5年之久的香菇酵素。长时间酝酿的酵素散发出来的香气与香菇固有的香气融合得非常自然。离开农场的时候，岳父他老家递给我一个包袱，里面有一箱新鲜的香菇和一瓶香菇酵素。现在我依然无法忘怀当时与他们一起度过的美好时光。在全国旅行的过程中，我总是会受到周围人的关心。为了表达对他们的谢意，我只能通过制作更多的酵素与他们分享。

制作香菇酵素

Step 1 **购买主要材料（香菇800g）**

在菜市场或者超市中能够轻松购买到，要选择表面没有任何干枯现象的新鲜香菇，这样能制作出更多一些的发酵液，口感也能更好一些。

Step 2 **加工主材料**

为了不使蘑菇伞里面的部分受到损坏，用流动的清水轻轻地清洗干净即可。洗好之后，尽可能地清除表面留下的水分，然后再切成适当的大小。

Step 3 **准备砂糖（白砂糖800g，主材料：白砂糖的比例是1 ： 0.8~1）**

清除表面的水分之后，称量香菇的重量，然后准备相等重量的白砂糖。

Step 4 **腌制**

将香菇和60%的白砂糖均匀地混合在一起，然后装在容器中。用力压实香菇，使主材料和砂糖更好地混合，这样一来，发酵能进行得更加顺畅。装好之后，将剩余的40%的砂糖全部都倒入容器里。

Step 5 **密封容器口，并且贴上标签**

如果是带有螺纹式盖子的容器，就先用力拧紧盖子，再稍微往回拧一点。这样一来，发酵过程中形成的气体就能排出容器外面，而外面的果蝇也进不到容器里面。如果没有螺纹式的盖子，就用布块或者是高丽纸将容器口密封，然后再用绳子绑紧。

将主材料的名字、腌制的日期和材料的功效等内容全部都记录到标签上，然后贴在容器上。

Step 6 **初期管理（15日）**

当材料上方覆盖的砂糖溶化了一半左右后，每天都需要上下晃动容器，使底部的砂糖也能更好地溶化。这个过程要一直进行到所有的砂糖全部都溶化为止，大概需要15天。

如果腌制之前将香菇切成片状，那么放入容器的时候能够减少占用容器的体积，日后泡茶喝的时候也会方便一些。

容器的上部要留有一些空间，因为在发酵的过程中很有可能会出现溢出来的现象。

填满容器的80%即可，注意不要使用完全密封的容器。进行初期管理的时候，用干净的木制或者是塑料制的大勺子进行搅拌。

由于香菇发酵液的量并不多，所以服用的时候，固体成分也要一同服用。
注意不要让水和异物进入发酵液中，因为水和异物在日后会引发腐烂现象。

请不要使用超过50℃的热水进行冲泡。

发酵第一阶段（6个月） 7 step

把容器放在室内阴凉处，避免被阳光直射。从腌制的第一天开始，要进行长达180天的发酵过程，在这期间，要保持主材料完全浸没在发酵液里，这是非常关键的。只有这样，才能防止发霉和腐烂的现象出现，所以要适当地摁压主材料，使其完全浸泡在发酵液中。如果无法摁压的话，那么在整个发酵过程结束之前，至少一周要搅拌一次。

过滤 8 step

发酵第一阶段结束后，用过滤网对发酵液进行过滤，将过滤后的发酵液放入另一个容器中。过滤后剩下的固体成分可以用来制作香菇酵素食用醋、香菇酵素茶和香菇酵素酒等。

发酵第二阶段和熟成（6个月） 9 step

将过滤后的香菇发酵液装入其他容器中，进入长达6个月的二次发酵和熟成过程。每周至少要观察一次，看看是否有发霉等现象出现。

保管和饮用 10 step

在室温下进行保管，但是要避开阳光直射的环境和热气。饮用时，酵素发酵液和饮用水的比例可以是1 ∶ 3，也可以根据个人的喜好进行调整。如果熟成的过程已经结束了，但是想停止发酵维持原味的话，就需要冷藏。

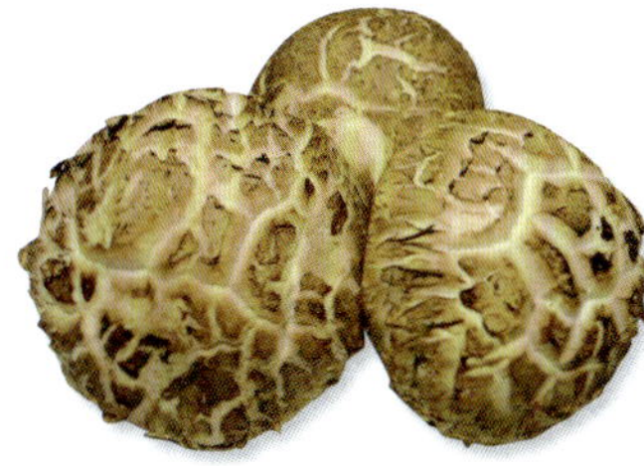

一道食谱 RECIPE

口感嫩滑的香菇酵素，适用于各种料理。特别是炖排骨或者是烤牛肉的时候，加入一点香菇酵素，可以起到提味和提香的作用。

补充元气、强效抗癌

大蒜酵素

大蒜具有非常强烈的味道，除了这个缺点之外，大蒜含有100多种有益的成分，所以也被人们称之为一害百利。如今，大蒜的功效已经通过科学的方法被验证，成为了健康食品的代名词。2002年，美国的《TIME》杂志评选大蒜为世界10大健康食品之一。

大蒜是具有提升精力和强化元气的代表性食品，到目前为止，大蒜在被人们发现的40多种抗癌食品中属于功效最强的一种。大蒜既可以生吃，还可以加入到各种食品中，是一种用途非常多的机能性健康食品。

每天吃一枚生大蒜或者是烤大蒜，确实能够起到抗癌的功效，而且无论是生吃还是烤着吃，大蒜的营养成分不会存在太大的差异。我出生在全罗北道的沃沟郡，可惜现在沃沟郡被编入了群山市，所以“沃沟郡”这个词已经不存在了。但是小时候的那些场景却依然存在于我的记忆中。当时，我生活的乡村小屋与篱笆墙之间有一小片地，妈妈在那个地方种满了大蒜。在田间干活的父亲中午休息的时候会喝点儿米酒，此时，必不可少的下酒菜就是来一口青蒜。当时，年幼无知的我以为那一定是非常美味的东西，就学着爸爸的样子拿起青蒜放入了嘴里，结果被辣得哇哇大哭。

现在，我家的饭桌上每天少不了的就是糖蒜、炒蒜瓣和生蒜。大蒜可以说是韩国饭桌上的传统补药，能够给全身注入新的活力，具有抗氧化和提高人体免疫力的作用，还具有促进消化和肠道蠕动的功效。据说埃及建设金字塔的时候，每天给那些干活的奴隶们吃大蒜，使得奴隶们能够承受重体力劳动和酷暑，相信这种说法不是空穴来风。

当我还是酵素初学者的时候曾制作过一种大蒜酵素，将大蒜研磨得非常碎，使用的不是白砂糖，而是蜂蜜，而且后期并没有将固体大蒜过滤出来，而是一直放在一起进行发酵。发酵好的酵素就像果酱一样，非常黏稠，哪怕只吃一勺酵素，都会觉得瞬间浑身充满了力量。今年，我准备不再研磨大蒜，而是制作清澈的大蒜酵素。即使使用的材料都是一样的，但是通过不同的制作方法，就能够制作出不同的产物，这也是制作酵素的乐趣和奥妙所在，这就是酵素的世界。

制作大蒜酵素

step 1 **购买主要材料（大蒜800g）**

选择外皮很硬且有重量感，颜色白且饱满的大蒜。市售的大蒜主要是进口的，制造酵素的时候不要将进口大蒜和韩国产的大蒜混在一起。

step 2 **加工主材料**

先把大蒜浸泡在水里一段时间后，这样除去大蒜的外皮会轻松很多。将清除完外皮的大蒜用干净的清水进行清洗。清洗结束后，尽可能地清除表面多余的水分，制作大蒜酵素的时候，可以选择整瓣进行腌制，或者是研磨之后进行腌制。

step 3 **准备砂糖（白砂糖640g，主材料：白砂糖的比例是1 ∶ 0.8）**

清除表面的水分之后，称量大蒜的重量，按照1 ∶ 0.8的比例准备大蒜和砂糖。例如如果准备了800g的大蒜，那么就需要准备640g的砂糖。

step 4 **腌制**

将大蒜和60%的白砂糖以层层叠加的方式放入容器里。用力压实大蒜，使主材料和砂糖更好地混合，这样一来，发酵能进行得更加顺畅。装好之后，将剩余的40%的砂糖全部都倒入容器里面。

step 5 **密封容器口，并且贴上标签**

如果是带有螺纹式盖子的容器，就先用力拧紧盖子，再稍微往回拧一点。如果没有螺纹式的盖子，就用布块或者是高丽纸将容器口密封，然后再用绳子绑紧。

将主材料的名字、腌制的日期和材料的功效等内容全部都记录到标签上，然后贴在容器上。

step 6 **初期管理（15日）**

当材料上方覆盖的砂糖溶化了一半左右后，每天都需要上下晃动容器，使底部的砂糖也能更好地溶化。这个过程要一直进行到所有的砂糖全部都溶化为止，大概需要15天。在制作大蒜酵素的过程中，砂糖溶化的速度属于较慢的类型。

韩国产的大蒜具有根须，但是进口的大蒜没有根须。韩国产的大蒜外皮有点泛红，而进口的大蒜是纯白色的，这也是区别两者的特点之一。制造酵素的时候不要将进口大蒜和韩国产的大蒜混在一起。

清洗的时候，不要使用醋等洗洁用品，只用清水进行清洗。清洗结束后，放置在通风较好的环境中，清除材料表面多余的水分。

填满容器的80%即可，注意不要使用完全密封的容器。

进行初期管理的时候，用干净的木制或者塑料制的大勺子进行搅拌。

大蒜与其他的食品相比，属于发酵得比较慢的类型，所以一定要耐心等待。

注意不要让水和异物进入发酵液中，因为水和异物会成为日后出现腐烂现象的原因。

请不要使用超过50℃的热水进行冲泡。

发酵第一阶段（6个月） 7 step

把容器放在室内阴凉处，避免被阳光直射。从腌制的第一天开始，要进行长达180天的发酵过程，在这期间，要保持主材料完全浸没在发酵液里，这是非常关键的。只有这样，才能防止发霉和腐烂现象的出现，所以要适当地摁压主材料，使其完全浸泡在发酵液中，如果无法摁压的话，那么在整个发酵过程结束之前，至少一周要搅拌一次。

过滤 8 step

发酵第一阶段结束后，用过滤网对发酵液进行过滤，将过滤后的发酵液放入另一个容器中。过滤后剩下的固体成分可以用来制作大蒜酵素食用醋、大蒜酵素腌菜、大蒜酵素酒和大蒜酵素酱等。

发酵第二阶段和熟成（6个月） 9 step

将过滤后的大蒜发酵液装入其他容器中，进入长达6个月的二次发酵和熟成过程。每周至少要观察一次，看看是否有发霉等现象出现。

保管和饮用 10 step

在室温下进行保管，但是要避开阳光直射的环境和热气。饮用时，酵素发酵液和饮用水的比例可以是1 ∶ 3，也可以根据个人的喜好进行调整。如果熟成的过程已经结束了，但是想停止发酵维持原味的话，就需要冷藏。

一道食谱 RECIPE

感到疲劳的时候，来一杯清爽的大蒜酵素恢复元气吧。腌制肉类、海鲜的时候使用大蒜酵素，能够起到清除膻味和腥味的作用。

富含番茄红素和维C的美白蔬菜

灯笼椒酵素

很多时候我们会分不清甜椒和灯笼椒，灯笼椒是改良了甜椒之后形成的新型农作物。通常情况下，具有辣味且有肉质感，比较有韧性的是甜椒；具有甜味，比较脆的就是灯笼椒。被称为“蔬菜女王”的灯笼椒具有各种不同的颜色，制作沙拉的时候会经常用到。灯笼椒中含有的β胡萝卜素是维生素A的前体，是对眼睛非常好的有益物质。灯笼椒还富含维生素C，能够起到抑制黑色素形成的作用，所以有助于改善皮肤上的雀斑和老年斑，而且灯笼椒中的番茄红素具有防止老化的作用。

 KBS TV在《想问就问》节目中介绍的有助于夏季皮肤护理的酵素

去年夏天，为了品尝韩牛，我进行了一次江原道横城郡之旅。我们购买了最好的牛肉，来到了河川边的砂砾地生起了炭火。随着牛肉的香气扑鼻而来，大家都顾不上周围人的眼光，开始大快朵颐。这个时候，我突然想到一件事情，大概在3～4年前，有个公司职员推荐说“如果去了横城，一定要去灯笼椒农场观光”。所以，吃完午饭后，我决定带着一行人去灯笼椒农场转转。到了才知道，原来这是由5个大温室组成的大规模种植基地。主人引领我们进入了温室中，迎面而来的热气使我都无法正常呼吸。在那个温室中，有很多外国打工仔正在工作，他们来自菲律宾、越南、阿富汗等多个国家。看到打工仔们坐在一起吃加餐的场景，我居然有一种看到多国首脑会谈的感觉。于是我满脸笑容地走过去问他们：“在这里工作是不是很累啊？”

听到我的提问，他们也露出洁白的牙齿，用一种不熟练的韩语回答道：“不会啊，韩国很好的，这里的主人对我们也很好。”

结束了对农场的参观之后，为了表达谢意，我购买了几箱灯笼椒。其中的一箱灯笼椒用来制作了酵素，这就是接下来，我要介绍给大家的灯笼椒酵素！

制作灯笼椒酵素

Step 1 **购买主要材料（灯笼椒800g）**

在菜市场或者是超市中就能轻松购买到灯笼椒，记住，要选择非常新鲜的灯笼椒。

选择表面光亮饱满，无干瘪的新鲜灯笼椒，这样才能制作出更多量的酵素，酵素的口感也能更好。如果担心出现腐烂等现象，可以增加10%左右的砂糖量。

Step 2 **加工主材料**

为了能够清洗干净，在干净的清水中清洗两三次之后，浸泡10分钟左右，然后用流水清洗即可。洗好之后，尽可能地清除表面留下的水分，然后再切成3cm大小的块状。

Step 3 **准备砂糖（白砂糖800g，主材料：白砂糖的比例是1 ： 1）**

清除表面的水分之后，称量灯笼椒的重量，然后准备相等重量的白砂糖。

Step 4 **腌制**

将灯笼椒和60%的白砂糖均匀地混合在一起，然后装在容器中。装好之后，将剩余的40%的砂糖全部都倒入容器里。此时，要控制灯笼椒和砂糖只占有80%左右的容器空间，这是最适当的量。之所以要留20%左右的容器空间，是因为在发酵的过程中会出现溢出来的现象，而且当主材料从容器口相溢出时，容器口会招来很多的果蝇。

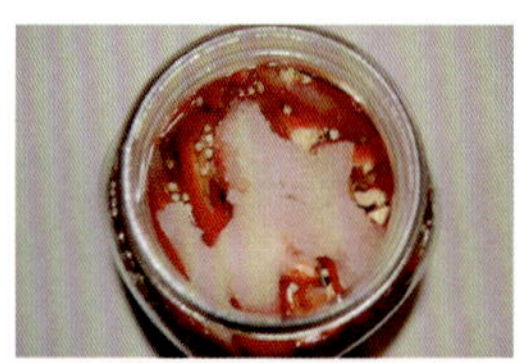

为了能够使发酵进行得非常顺利，将灯笼椒和砂糖总量的60%均匀地搅拌在一起，然后装入容器中，也可以把辣椒籽也加进去。注意不要使用完全密封的容器。

Step 5 **密封容器口，并且贴上标签**

如果是带有螺纹式盖子的容器，就先用力拧紧盖子，再稍微往回拧一点。这样一来，发酵过程中形成的气体就能排出容器外面，而外面的果蝇也进不到容器里面。如果没有螺纹式的盖子，就用布块或者是高丽纸将容器口密封，然后再用绳子绑紧。

将主材料的名字、腌制的日期和材料的功效等内容全部都记录到标签上，然后贴在容器上。

Step 6 **初期管理（15日）**

当材料上方覆盖的砂糖溶化了一半左右后，每天都需要上下晃动容器，使底部的砂糖也能更好地溶化。这个过程要一直进行到所有的砂糖全部都溶化为止，大概需要15天。

在发酵的过程中有可能会出现主材料漂浮在发酵液上面的现象，但是过一段时间之后就会下沉。

注意不要让水和异物进入发酵液中，因为水和异物在日后会引发腐烂现象。

请不要使用超过50℃的热水进行冲泡。

发酵第一阶段（6个月）

把容器放在室内阴凉处，避免被阳光直射。从腌制的第一天开始，要进行长达180天的发酵过程，在这期间，要保持主材料完全浸没在发酵液里，这是非常关键的。只有这样，才能防止发霉和腐烂现象的出现，所以要适当地摁压主材料，使其完全浸泡在发酵液中，如果无法摁压的话，那么在整个发酵过程结束之前，至少一周要搅拌一次。

过滤

8 step

发酵第一阶段结束后，用过滤网对发酵液进行过滤，将过滤后的发酵液放入另一个容器中。过滤后剩下的固体成分可以用来制作灯笼椒酵素食用醋、灯笼椒酵素腌菜和灯笼椒酵素茶等。

发酵第二阶段和熟成（6个月）

将过滤后的灯笼椒发酵液装入其他容器中，进入长达6个月的二次发酵和熟成过程。每周至少要观察一次，看看是否有发霉等现象出现。

保管和饮用

在室温下进行保管，但是要避开阳光直射的环境和热气。饮用时，酵素发酵液和饮用水的比例可以是1 ∶ 3，也可以根据个人的喜好进行调整。如果熟成的过程已经结束了，但是想停止发酵维持原味的话，就需要冷藏。

一道食谱 RECIPE

夏季在阳光下工作或者是享受假期的时候，利用灯笼椒酵素冲泡酵素饮料饮用吧，具有卓越的护肤效果！

清热降火、缓解慢性疲劳

茄子酵素

从新罗时代开始，韩国就已经开始栽植茄子了。属于高温型作物的茄子，是韩国夏季的热卖蔬菜。茄子可以制作酱菜，还有油炸、凉拌和热炒等不同的吃法，是韩国饭桌上常见的菜肴。茄子种植起来也不难，与购买种子种植相比，购买市场中出售的茄子小苗进行种植更好。

2012年7月，在电视台的强烈劝诱下，我最终上了SBS的星期一早间栏目《Morning Wide》。不是现场直播，而是提前录制的节目，由于对照明灯和摄像机并不熟悉，所以在拍摄的过程中出了不少洋相。从第一次接触酵素开始，我把自己20年间尝试过的所有酵素都介绍了一遍。在节目录制的过程中我现场演示了两种酵素的制造过程，一个是灯笼椒酵素，还有一个就是本节介绍的茄子酵素。

茄子酵素性寒，所以上火的时候通常会用来解热。而且茄子中含有的多元酚具有抑制癌细胞的作用，富含纤维质的茄子，具有预防便秘的效果，在治疗高血脂等血管疾病方面也有卓越的功效。而且茄子富含维生素，有助于缓解慢性疲劳的症状。另外，茄子的蒂具有治疗炎症的功效。所以腌制酵素的时候，最好把茄子的蒂也一同加入进去。

制作茄子酵素

Step 1 购买主要材料（茄子800g）

最近，很多周末农场都会出售茄子苗，大家可以买回来亲手栽植无污染的茄子，也可以在菜市场或者超市中轻松购买到。要使用有机栽培的茄子，选择表面没有任何干枯现象的新鲜茄子，这样才能腌制出更多量的茄子发酵液，酵素的口感也会更佳。

Step 2 加工主材料

用流水清洗数次，洗好之后，尽可能地清除表面留下的水分，然后再切成适当的大小，切成圆圆的不要太薄的片状。

Step 3 准备砂糖（白砂糖800g，主材料：白砂糖的比例是1 ： 1）

清除表面的水分之后，称量茄子的重量，然后准备相等重量的白砂糖。

Step 4 腌制

将切好的茄子和60%的白砂糖均匀地混合在一起，然后装在容器中。用力压实茄子，使主材料和砂糖更好地混合，这样一来，发酵也能进行得更加顺畅。装好之后，将剩余的40%的砂糖全部都倒入容器里。在发酵的过程中有可能会出现溢出来的现象，所以要留有一些空间。因为当主材料从容器口溢出后，容器口会招来很多的果蝇。

Step 5 密封容器口，并且贴上标签

如果是带有螺纹式盖子的容器，就先用力拧紧盖子，再稍微往回拧一点。这样一来，发酵过程中形成的气体就能排出容器外面，而外面的果蝇也进不到容器里面。如果没有螺纹式的盖子，就用布块或者是高丽纸将容器口密封，然后再用绳子绑紧。将主材料的名字、腌制的日期和材料的功效等内容全部都记录到标签上，然后贴在容器上。

选择颜色鲜明有光泽，没有弯曲，形状均衡的茄子。

茄子属于水分较多的一种蔬菜。茎、叶、花全部都能用来制作酵素，仅用花制作也是可以的。如果担心出现腐烂等现象，可以增加10%左右的砂糖量。

只占用容器中80%左右的空间是最适当的。

不要使用密封的容器。进行初期管理的时候，用干净的木制或者塑料制的大勺子进行搅拌。

属于发酵速度较快的类型，所以在发酵的过程中要进行很好地管理。

将发酵液过滤出去之后，利用固体成分制作茄子酵素腌菜。
注意不要让水和异物进入发酵液中，因为水和异物在日后会引发腐烂现象。

请不要使用超过50℃的热水进行冲泡。

初期管理（15日） 6 step

当材料上方覆盖的砂糖溶化了一半左右后，每天都需要上下晃动容器，使底部的砂糖也能更好地溶化。这个过程要一直进行到所有的砂糖全部都溶化为止，大概需要15天。

发酵第一阶段（6个月） 7 step

把容器放在室内阴凉处，避免被阳光直射。从腌制的第一天开始，要进行长达180天的发酵过程，在这期间，要保持主材料完全浸没在发酵液里，这是非常关键的。只有这样，才能防止发霉和腐烂现象的出现，所以要适当地摁压主材料，使其完全浸泡在发酵液中，如果无法摁压的话，那么在整个发酵过程结束之前，至少一周要搅拌一次。

过滤 8 step

发酵第一阶段结束之后，用过滤网对发酵液进行过滤，将过滤后的发酵液放入另一个容器中。过滤后剩下的固体成分可以用来制作茄子酵素食用醋、茄子酵素腌菜等。

发酵第二阶段和熟成（6个月） 9 step

将过滤后的茄子发酵液装入其他容器中，进入长达6个月的二次发酵和熟成过程。每周至少要观察一次，看看是否有发霉等现象出现。

保管和饮用 10 step

在室温下进行保管，但是要避开阳光直射的环境和热气。饮用时，酵素发酵液和饮用水的比例可以是1 ∶ 3，也可以根据个人的喜好进行调整。如果熟成的过程已经结束了，但是想停止发酵维持原味的话，就需要冷藏。

一道食谱 RECIPE

制作蛤蜊的时候，利用茄子酵素代替砂糖，有助于血液循环。特别是利用植物油炒菜的时候，把茄子酵素当做糖使用，可谓是绝配。

清血脂，降血糖，延年益寿的补药

苦瓜酵素

苦瓜是一种原产于印度等热带地区的植物。苦瓜的茎非常细，可以长到1~3m长，凭借着卷须，还可以攀附在其他物品上。苦瓜的果实属于瓜科，呈长椭圆形，表面有很多瘤状突起。果实成熟时呈黄红色，极易裂开，裂开之后就会露出瓜瓤包裹着的种子。没有成熟的果实和红色的种皮可以食用，种子可以用作药材。

虽然苦瓜的外形看上去凹凸不平，就像妖怪手里的棍子一样难看，但是却有着非常独特的功效。苦瓜对治疗糖尿病和寿命的延长都有帮助，有的地方都已经出现专门种植苦瓜的农场了。在日本，从很久以前开始，苦瓜就被看做是可以延长寿命的食品，深受大众的喜爱。

KBS TV《想问就问》中介绍苦瓜酵素

只要是小时候曾经在乡下住过的人，就一定还记得紧紧地缠绕在篱笆上的苦瓜。以前随处可见的苦瓜，现在却变得非常稀缺，成为了只有在专门的种植农场里才能够看到的一种作物。前不久，我去了位于忠清北道忠州市仰城的低温碳酸温泉泡温泉，泡完温泉之后，我顺便去了附近一位熟人的农场，没想到在那里竟然见到了苦瓜。虽然到处都是西红柿、草莓等好吃的东西，但是我却一直站在苦瓜前面久久不忍离去。农场主人见状，立刻爽快地让我摘几个带走。他刚说完，我就毫不客气地摘了几个苦瓜放在了车上。我当时都没来得及好好跟他说声谢谢，这一点一直让我有些过意不去。

苦瓜样子丑陋，但是它的功效却非常显著，日本很久以前就用苦瓜制作成苦瓜茶，而且非常受欢迎。现在韩国也开始出现一些专门的苦瓜种植农场，使苦瓜渐渐被大众熟知，利用苦瓜制造的苦瓜酵素，同样是有益于健康的优质酵素。

制作苦瓜酵素

Step 1 **购买主要材料（苦瓜800g）**

最好是选择没有成熟的新鲜绿色苦瓜做材料。

Step 2 **加工主材料**

用清水洗干净，去除表面的水分之后，切成薄片。

Step 3 **准备砂糖（白砂糖800g，主要材料 ： 白砂糖的比例是1 ： 1）**

清除表面的水分之后，称量苦瓜的重量，然后准备相等重量的白砂糖。

Step 4 **腌制**

把切好的苦瓜和60%的白砂糖均匀地混合在一起，然后装在容器中。用力压实苦瓜，使主材料和白砂糖更好地混合。最后把剩余的40%的白砂糖全部洒在上面。

Step 5 **密封容器口，并且贴上标签**

如果是带有螺纹式盖子的容器，就先用力拧紧盖子，再稍微往回拧一点。如果没有螺纹式的盖子，就用布块或者是高丽纸将容器口密封，然后再用绳子绑紧。将主材料的名字、腌制的日期和材料的功效等内容全部都记录到标签上，然后贴在容器上。

Step 6 **初期管理（15日）**

当材料上方覆盖的砂糖溶化了一半左右后，每天都需要上下晃动容器，使底部的砂糖也能更好地溶化。这个过程要一直进行到所有的砂糖全部都溶化为止，大概需要15天。

Step 7 **发酵第一阶段（6个月）**

把容器放在室内阴凉处，避免被阳光直射。从腌制的第一天开始，要进行长达180天的发酵过程，在这期间，要保持主材料完全浸没在发酵液里，这是非常关键的。只有这样，才能防止发霉和腐烂现象的出现，所以要适当地摁压主材料，使其完全浸泡在发酵液中，如果无法摁压的话，那么在整个发酵过程结束之前，至少一周要搅拌一次。

选择新鲜的苦瓜，放在清水中浸泡10分钟后再进行清洗。

填满容器的80%即可，注意不要使用完全密封的容器。

进行初期管理的时候，用干净的木制或者塑料制的大勺子进行搅拌。

注意不要让水和异物进入发酵液中，因为水和异物在日后会引发腐烂现象。

过滤 8 step

发酵第一阶段结束后，用过滤网对发酵液进行过滤，将过滤后的发酵液放入另一个容器中。过滤出来的固体成分，可以用来制作苦瓜酵素醋、苦瓜酵素酒和苦瓜酵素茶等。

发酵第二阶段和熟成（6个月） 9 step

将过滤后的苦瓜发酵液装入其他容器中，进入长达6个月的二次发酵和熟成过程。每周至少要观察一次，看看是否有发霉等现象出现。

保管和饮用 10 step

在室温下进行保管，但是要避开阳光直射的环境和热气。饮用时，酵素发酵液和饮用水的比例可以是1 ∶ 3，也可以根据个人的喜好进行调整。如果熟成的过程已经结束了，但是想停止发酵维持原味的话，就需要冷藏。

请不要使用超过50℃的热水进行冲泡。

一道食谱 RECIPE

在日本，苦瓜被看做是可以延长寿命的食品之一。让我们一边品尝着利用苦瓜制作而成的茶和饮料，一边预防各种成人病吧。

富含抗氧化物质，改善体质

李子酵素

李子属于碱性食品，富含铁，对贫血者大有益处。此外，李子还富含水溶性膳食纤维，对治疗便秘具有显著的疗效。因为李子富含抗氧化剂，所以对夜盲症和眼球干燥症患者非常有帮助。此外，李子对遗传性过敏体质也具有改善作用。长期面对电脑屏幕的上班族可以多吃李子。不过，一次不宜吃得太多。

SBS TV《Morning Wide》中介绍李子酵素

一周以前，住在隔壁的奶奶给我送来几个她煮的红薯。我把红薯掰开之后，里面立即冒出了白蒙蒙的热气。我一边吃一边回想起了小时候给我蒸红薯的妈妈。我用自制的艾草酵素给她泡了一杯艾草茶。她称赞说没想到世界上还有这么好喝的茶，不一会儿就全喝完了。我们两个人闲谈了大半天，隔壁奶奶站起身说自己该回家了，她说跟我聊天之后心里舒畅了不少。我顺便送了她一瓶艾草酵素。不一会儿，隔壁的奶奶又给我带来了好吃的东西，是一大篮子熟透了的李子，说是作为我送她艾草酵素的谢礼。我用满含着奶奶温情的李子制作了李子酵素，充满了邻里之情的李子，变成酵素之后，那份情意变得更加浓厚。

制作李子酵素

Step 1 **购买主要材料（李子800g）**

在李子成熟的季节，在市场和超市里很容易就能买到新鲜的李子。

挑选有光泽、坚硬、糖分多的李子。

Step 2 **加工主材料**

把李子放在清水中浸泡10分钟后清洗干净。洗好之后，尽可能地清除表面留下的水分。既可以整个装起来用，也可以切开来用。

Step 3 **准备砂糖（白砂糖800g，主材料：白砂糖的比例是1 ：1）**

清除表面的水分之后，称量李子的重量，然后准备相等重量的白砂糖。

如果担心会出现腐烂等现象的话，可以增加10%左右的砂糖量。

Step 4 **腌制**

把李子和60%的白砂糖全部装在容器中，用力压实李子，使主材料和砂糖更好地混合，这样一来，发酵也能进行得更加顺畅。装好之后，将剩余的40%的砂糖全部都倒入容器里。如果把李子切开了的话，先把李子和白砂糖混合好之后，再装在容器里。

Step 5 **密封容器口，并且贴上标签**

如果是带有螺纹式盖子的容器，就先用力拧紧盖子，再稍微往回拧一点。如果没有螺纹式的盖子，就用布块或者是高丽纸将容器口密封，然后再用绳子绑紧。

将主材料的名字、腌制的日期和材料的功效等内容全部都记录到标签上，然后贴在容器上。

Step 6 **初期管理（15日）**

当材料上方覆盖的砂糖溶化了一半左右后，每天都需要上下晃动容器，使底部的砂糖也能更好地溶化。这个过程要一直进行到所有的砂糖全部都溶化为止，大概需要15天。

把李子和准备的60%的白砂糖均匀地混合在一起，然后装在容器里。装好之后晃动容器，使白砂糖渗入李子中间的缝隙里。填满容器的80%即可。

Step 7 **发酵第一阶段（6个月）**

由于大部分李子酵素是在夏天制作，所以要放在阴凉的室内，避免阳光直射。从腌制的第一天开始，要进行长达180天的发酵过程，在这期间，要保持主材料完全浸没在发酵液里，这是非常关键的。只

在不切开的情况下进行发酵的速度比较缓慢。

注意不要让水和异物进入发酵液中，因为水和异物在日后会引发腐烂现象。

请不要使用超过50℃的热水进行冲泡。

有这样，才能防止发霉和腐烂现象的出现，所以要适当地摁压主材料，使其完全浸泡在发酵液中，如果无法摁压的话，那么在整个发酵过程结束之前，至少一周要搅拌一次。

过滤 8 step

发酵第一阶段结束后，用过滤网对发酵液进行过滤，将过滤之后的发酵液放入另一个容器中。过滤后剩下的固体成分可以用来制作李子酵素醋、李子酵素果酱和李子酵素茶等。

发酵第二阶段和熟成（6个月） 9 step

将过滤后的李子发酵液装入其他容器中，进入长达6个月的二次发酵和熟成过程。每周至少要观察一次，看看是否有发霉等现象出现。

保管和饮用 10 step

在室温下进行保管，但是要避开阳光直射的环境和热气。饮用的时候，酵素发酵液和饮用水的比例可以是1 ∶ 3，也可以根据个人的喜好进行调整。如果熟成的过程已经结束了，但是想停止发酵维持原味的话，就需要冷藏。

一道食谱 RECIPE

李子酵素在改善遗传性过敏体质和预防成人病方面具有显著疗效，如果在腌制各种泡菜的时候添加一定量的李子酵素的话，会使泡菜更有滋味。

有利于关节的水果

山桃酵素

我们夏天吃的桃子大部分都是改良品种，野生的山桃因为果实很小，而且有着很强烈的酸味，所以大家现在已经不怎么吃它。反而山桃核制作的手串等饰品大受欢迎。山桃主要生长在北方的山里，虽然外表看上去不是很好看，但是味道却酸酸甜甜的，而且药效非常显著。

桃子中最重要的成分苦杏仁苷是中草药的有效成分，有着非常显著的止咳安神的疗效。而且桃子还富含有机酸、酒精和果胶等纤维素，对减肥也有显著帮助。

KBS TV《生老病死的秘密》中介绍山桃酵素

8年前，曾经发生过这样一件事，有一位朋友送给了我一棵1年生果树，告诉我是苹果树。这棵树慢慢长高，后来开始结果，果实很小，而且毛绒绒的，并不是苹果。小小的果实既像梅子，又像小桃子。最后，我终于搞清楚了，这就是山桃。现在，院子里的那棵山桃树每年都会结出诱人的果实。今年,我把所有的山桃都摘下来，然后集合所有的家人一起开始制作山桃酵素。那场面就好像是小型晚会一样热闹。大家摘山桃的时候充满欢笑，洗山桃的时候充满欢笑，腌制山桃酵素的时候也笑声不断，添加了这么多欢声笑语的山桃酵素，一定会非常美味。

虽然山桃是桃子中外形比较难看的一种，但是却对治疗父母的关节炎具有非常好的疗效，因此在韩国被称作“孝子水果”。如果用人来比喻山桃的话，山桃就像是众多子女中被疏远的一个，虽然成长的过程很孤单，但是长大之后却取得了辉煌的成就，成为了最孝敬父母的孩子。

制作山桃酵素

Step 1 购买主要材料（山桃800g）

尽量在离农田比较远的山里采摘野生山桃，这样的山桃既不含有害物质，药效也非常显著。

Step 2 加工主材料

首先，用清水把山桃洗干净。山桃表面有很多茸毛，在成长的过程中可能会沾上很多灰尘，所以一定要仔细地清洗才行。由于大部分的山桃都没有喷洒农药，所以有的山桃里面可能会有虫子，但是不要太在意这些，放心地制作酵素就可以了。俗话说“桃子里面的虫子也是药”。

Step 3 准备砂糖（白砂糖800g，主要材料：白砂糖的比例是1 ： 1）

清除表面的水分之后，称量山桃的重量，然后准备相等重量的白砂糖。夏天发酵制作的酵素中可以多添加些糖分。

Step 4 腌制

山桃不用切开，把60%的白砂糖和山桃均匀地混合起来。用力压实山桃，使主材料和砂糖更好地混合，这样一来，发酵也能进行得更加顺畅。装好之后，将剩下的40%的砂糖全部都倒入容器里。之所以要在容器上方留下一定的空间，就是因为在发酵的过程中有可能会出现溢出来的现象，这会招来果蝇。

Step 5 密封容器口，并且贴上标签

如果是带有螺纹式盖子的容器，就先用力拧紧盖子，再稍微往回拧一点。这样的话，发酵过程中产生的气体就会轻松地排除去，而且果蝇也没有办法进到容器里面。如果没有螺纹式的盖子，就用布块或者是高丽纸将容器口密封，然后再用绳子绑紧。将主材料的名字、腌制的日期和材料的功效等内容全部都记录到标签上，然后贴在容器上。

熟透了之后呈红色，表面出现裂痕，样子并不好看的才是真正的天然山桃。

填满容器的80%即可，注意不要使用完全密封的容器。

进行初期管理的时候，用干净的木制或者塑料制的大勺子进行搅拌。

夏天酵素的发酵速度非常快。在制作酵素的时候，一定要根据季节来进行管理。
注意不要让水和异物进入发酵液中，因为水和异物在日后会引发腐烂现象。

请不要使用超过50℃的热水进行冲泡。

初期管理（15日） 6 step

当材料上方覆盖的砂糖溶化了一半左右后，每天都需要上下晃动容器，使底部的砂糖也能更好地溶化。这个过程要一直进行到所有的砂糖全部都溶化为止，大概需要15天。

发酵第一阶段（6个月） 7 step

把容器放在室内阴凉处，避免被阳光直射。从腌制的第一天开始，要进行长达180天的发酵过程，在这期间，要保持主材料完全浸没在发酵液里，这是非常关键的。只有这样，才能防止发霉和腐烂现象的出现，所以要适当地摁压主材料，使其完全浸泡在发酵液中，如果无法摁压的话，那么在整个发酵过程结束之前，至少一周要搅拌一次。

过滤 8 step

发酵第一阶段结束后，用过滤网对发酵液进行过滤，将过滤后的发酵液放入另一个容器中。过滤后剩下的固体成分可以用来制作山桃酵素醋等。

发酵第二阶段和熟成（6个月） 9 step

将过滤后的山桃发酵液装入其他容器中，进入长达6个月的二次发酵和熟成过程。每周至少要观察一次，看看是否有发霉等现象出现。

保管和饮用 10 step

在室温下进行保管，但是要避开阳光直射的环境和热气。饮用时，酵素发酵液和饮用水的比例可以是1 ∶ 3，也可以根据个人的喜好进行调整。如果熟成的过程已经结束了，但是想停止发酵维持原味的话，就需要冷藏。

一道食谱 RECIPE

因为感冒而被支气管炎折磨的时候，可以把山桃酵素当作茶喝。山桃酵素对治疗老人的关节炎也非常有帮助。

像姻缘一样甜美的味道

哈密瓜酵素

哈密瓜包括表面有网状花纹香气浓郁的网纹瓜、表面没有网状花纹但是有小突起和纵向沟壑的罗马甜瓜，以及既没有小突起，也没有网状花纹的表面非常光滑的甜瓜。

哈密瓜的热量比较低，减肥功效非常显著。哈密瓜富含 β 胡萝卜素、维生素C和钾，所以有着非常显著的抗氧化作用。把哈密瓜放在通风的地方，在常温下放置3~4天之后，用保鲜膜包裹起来，在冰箱里放置4~5小时之后再吃，口感更佳。

KBS TV《想问就问》拍摄时介绍说哈密瓜酵素

两个月以前，我曾经去了一趟全罗南道罗州市。在当地饭店里吃饭的时候，偶然间认识了一个在我们旁边吃饭的哈密瓜农场主。我们一起吃完晚饭之后，又一起喝了杯咖啡，交谈了很长时间，他说有很多时候都会因为地里那些熟透了而销不出去的哈密瓜而头疼。他的这句话让我这个非常迷恋酵素的人产生了兴趣。我告诉他可以把这些哈密瓜制作成酵素，听了我的话之后，农场主露出了半信半疑的表情。

“啊，哈密瓜可以制作成酵素吗？”

我跟着他去了农场里看了看。地里到处都是已经熟透了但无销路的哈密瓜。我挑选了一些能用的哈密瓜之后，跟他一起制作了哈密瓜酵素。过了2周左右，哈密瓜农场主给我寄来了一个快递。他给我寄来了满满一箱哈密瓜，为的是向我表达谢意。

虽然只不过是擦肩而过的缘分，但是这哈密瓜中却充满了真诚。用满含真诚的哈密瓜制作而成的酵素一定会更加香甜、健康。这就是酵素带给我们的幸福。

制作哈密瓜酵素

Step 1 购买主要材料（哈密瓜800g）

在市场或者超市里就可以买到新鲜的哈密瓜。表面花纹鲜明、浓密、坚硬，顶部新鲜的哈密瓜才是好的哈密瓜。

Step 2 加工主材料

用干净的水果刀把哈密瓜的表皮去掉，把整个哈密瓜分成四等份后去除种子，然后用刀切成薄片。

清洗的时候不要使用醋，洗净切好后放在阴凉通风处，这样可以更好地清除水分。

Step 3 准备砂糖（白砂糖800g，主要材料：白砂糖的比例是1 ：1）

清除表面的水分之后，称量哈密瓜的重量，然后准备相等重量的白砂糖。夏天发酵制作的酵素中可以多添加些糖分。

Step 4 腌制

把哈密瓜和60%的白砂糖均匀地混合起来，然后把剩余的40%的白砂糖洒在上面。因为材料中含有很多水分，所以在发酵的过程中，上层可能会产生霉菌。

如果担心出现腐烂等现象，可以增加10%左右的砂糖量。

Step 5 密封容器口，并且贴上标签

如果是带有螺纹式盖子的容器，就先用力拧紧盖子，再稍微往回拧一点。这样的话，发酵过程中产生的气体就会轻松地排出去，而且果蝇也没有办法进到容器里面。如果没有螺纹式的盖子，就用布块或者是高丽纸将容器口密封，然后再用绳子绑紧。将主材料的名字、腌制的日期和材料的功效等内容全部都记录到标签上，然后贴在容器上。

填满容器空间的80%即可，注意不要使用完全密封的容器。进行初期管理的时候，用干净的木制或者塑料制的大勺子进行搅拌。

Step 6 初期管理（15日）

当材料上方覆盖的砂糖溶化了一半左右后，每天都需要上下晃动容器，使底部的砂糖也能更好地溶化。这个过程要一直进行到所有的砂糖全部都溶化为止，大概需要15天。

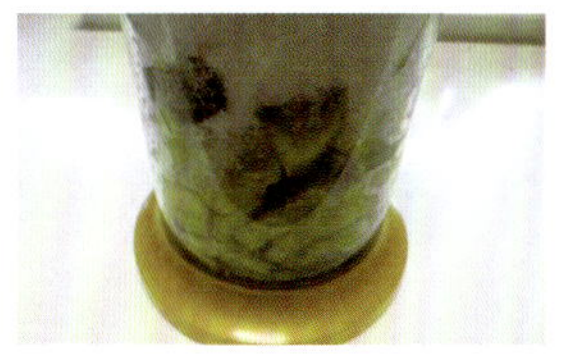

注意不要让水和异物进入发酵液中，因为水和异物在日后会引发腐烂现象。

请不要使用超过50℃的热水进行冲泡。

发酵第一阶段（6个月） 7 step

把容器放在室内阴凉处，避免被阳光直射。从腌制的第一天开始，要进行长达180天的发酵过程，在这期间，要保持主材料完全浸没在发酵液里，这是非常关键的。只有这样，才能防止发霉和腐烂现象的出现，所以要适当地摁压主材料，使其完全浸泡在发酵液中，如果无法摁压的话，那么在整个发酵过程结束之前，至少一周要搅拌一次。

过滤 8 step

发酵第一阶段结束后，用过滤网对发酵液进行过滤，将过滤之后的发酵液放入另一个容器中。过滤后剩下的固体成分可以用来制作哈密瓜酵素醋、哈密瓜酵素果酱等。

发酵第二阶段和熟成（6个月） 9 step

将过滤后的哈密瓜发酵液装入其他容器中，进入长达6个月的二次发酵和熟成过程。每周至少要观察一次，看看是否有发霉等现象出现。

保管和饮用 10 step

在室温下进行保管，但是要避开阳光直射的环境和热气。饮用时，酵素发酵液和饮用水的比例可以是1 ： 3，也可以根据个人的喜好进行调整。如果熟成的过程已经结束了，但是想停止发酵维持原味的话，就需要冷藏。

一道食谱 RECIPE

哈密瓜酵素具有非常浓郁的香味，在夏天的红豆冰里添加一些哈密瓜酵素的话，红豆冰的颜色和香味就会发生很大变化。在炎热的夏天，可以制作成哈密瓜刨冰给孩子们作为美味的零食享用。

神奇的壮阳秘药

覆盆子酵素

覆盆子主要生长在溪谷和山脚等向阳的地方，是一种低矮的落叶植物。5~6月份的时候会开出一种白色的花，7~8月果实成熟，变成黑色。

覆盆子可以净化我们的血液，为身体补充元气。据说可以为男性补充精力，民间认为它有预防不孕不育的功效。覆盆子中含有的多酚具有抗氧化作用，可以防止人体的老化。把药性如此显著的覆盆子制作成酵素，随时饮用，会使我们的身体更健康。

SBS TV《Moring Wide》中介绍覆盆子酵素

在韩国，每当谈到覆盆子的时候，人们经常会对覆盆子的壮阳功效津津乐道。其中最有名、功效最好、最受人们欢迎的产品就是覆盆子酒和覆盆子酵素。

去年，我酿制了覆盆子酒和覆盆子酵素，现在都到了可以饮用的程度，于是我把邻居们叫了过来，在我家开了一个“覆盆子派对”。虽然鳗鱼是覆盆子最好的搭档，但是因为太贵了，所以我们用廉价的五花肉代替了鳗鱼。一边吃着香喷喷的烤五花肉，一边喝着覆盆子酒，所有人都竖起了大拇指，说自己好像变得力大无穷似的。

大家兴致勃勃地畅饮了一会儿之后，就把覆盆子酒都喝完了。所以我就急急忙忙制作代替品，先去超市里买了啤酒，然后与覆盆子酵素掺在一起。之前积压的覆盆子酵素就像孝子一样发挥了作用。喝过的人都说覆盆子酵素啤酒也很好喝。只要是喜欢喝酒的人，一定都会很好奇在覆盆子酵素中掺入烧酒会是什么味道。如果好奇的话，就亲自制作品尝一下吧，不仅味道香醇，而且还可以让你的身体更健康。

制作覆盆子酵素

Step 1 **购买主要材料（覆盆子800g）**

最好去专门种植覆盆子的农场购买。一定要挑选亮红色的有机农产品，一般在7~8月成熟。

Step 2 **加工主材料**

因为覆盆子沾上水就会变软，所以收拾的时候只要把沙子等挑出来就行，不用清洗。

Step 3 **准备砂糖（白砂糖800g，主要材料：白砂糖的比例是1 ： 1）**

称一下覆盆子的重量，然后准备相等重量的白砂糖。

如果担心出现腐烂等现象，可以增加10%左右的砂糖量。

Step 4 **腌制**

将覆盆子和60%的白砂糖以交叠的形式层层放入容器里面。用力压实覆盆子，使主材料和砂糖更好地混合，这样一来，发酵也能进行得更加顺畅。装好之后，将剩余的40%的砂糖全部都倒入容器里。

填满容器的80%即可。

Step 5 **密封容器口，并且贴上标签**

如果是带有螺纹式盖子的容器，就先用力拧紧盖子，再稍微往回拧一点。如果没有螺纹式的盖子，就用布块或者是高丽纸将容器口密封，然后再用绳子绑紧。将主材料的名字、腌制的日期和材料的功效等内容全部都记录到标签上，然后贴在容器上。

Step 6 **初期管理（15日）**

当材料上方覆盖的砂糖溶化了一半左右后，每天都需要上下晃动容器，使底部的砂糖也能更好地溶化。这个过程要一直进行到所有的砂糖全部都溶化为止，大概需要15天。

注意不要使用完全密封的容器。由于在制作覆盆子酵素的时候，底部沉积起来的砂糖比较多，进行初期管理的时候，顶部的白砂糖溶化速度比较快，所以一定要特别注意才行。

Step 7 **发酵第一阶段（6个月）**

把容器放在室内阴凉处，避免被阳光直射。从腌制的第一天开始，要进行长达180天的发酵过程，在这期间，要保持主材料完全浸没在发酵液里，这是非常关键的。只有这样，才能防止发霉和腐烂现象的出现，所以要适当地摁压主材料，使其完全浸泡在发酵液中，如果无法摁压的话，那么在整个发酵过程结束之前，至少一周要搅拌一次。

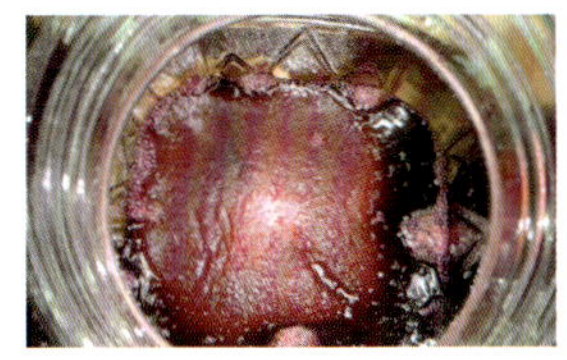

因为覆盆子酵素的发酵液比较黏稠，产生霉菌的概率比较大，所以必须要仔细管理才行。
注意不要让水和异物进入发酵液中，因为水和异物在日后会引起腐烂现象。

过滤 8 step

发酵第一阶段结束后，用过滤网对发酵液进行过滤，将过滤后的发酵液放入另一个容器中。过滤后剩下的固体成分可以用来制作覆盆子酵素醋、覆盆子酵素果酱、覆盆子酵素酒和覆盆子酵素饮料等。

发酵第二阶段和熟成（6个月） 9 step

将过滤后的覆盆子发酵液装入其他容器中，进入长达6个月的二次发酵和熟成过程。每周至少要观察一次，看看是否有发霉等现象出现。由于过滤出来的酵素发酵液中也可能会产生霉菌，所以需要偶尔搅动一下。

保管和饮用 10 step

在室温下进行保管，但是要避开阳光直射的环境和热气。饮用时，酵素发酵液和饮用水的比例可以是1 ∶ 3，也可以根据个人的喜好进行调整。如果熟成的过程已经结束了，但是想停止发酵维持原味的话，就需要冷藏。

请不要使用超过50℃的热水进行冲泡。

一道食谱 RECIPE

在制作烤鳗鱼酱汁的时候，可以用覆盆子酵素来代替白砂糖，制作出来的酱汁味道非常好。如果在红豆冰和牛奶中添加覆盆子酵素的话，可以帮助大家恢复虚弱的身心，使身体更健康。

富含皂苷的红色蔬菜

甜菜酵素

甜菜属于萝卜的一种，漂亮的紫色能够让人食欲大振。甜菜的味道也非常好，渐渐成为了大众熟悉的蔬菜。由于甜菜的卡路里比较低，所以非常适合肥胖的人食用。因为甜菜富含维生素和铁，所以可以有效地预防贫血。用甜菜制作而成的酵素中富含维生素B1和B2、维生素C、矿物质和皂苷等成分，所以可以消除肿胀、美肤、帮助骨骼形成和毛发生长。

 KBS TV《想问就问》拍摄时介绍甜菜酵素

7月末的热浪让人无法招架。刚从老家休假回来的一名女职工听到我们问她休假如何时，深深地叹了一口气。

“都没有好好休息，每天都要跟着父母一起去地里干活。”

她说自己的父母经营着一个规模庞大的甜菜农场，由于干活的人手不够，所以她也不能闲着。虽然她一直唠叨，但是却掩盖不住能够帮助年老的父母而高兴的神情，真是一个心地善良的好女儿。说完之后，她递给我一个黑色的塑料袋。

“这是我父母自己种的，说是让我带来送给老板。”

这可是两个老人辛辛苦苦收获的果实啊，真不知道我能不能就这么白拿，我还没来得及说声谢谢，就听到她说的一句话：

“但是，老板你吃的时候一定要小心才行。要是一边吃一边笑的话，可能就会变成德古拉。”

所有人都大笑起来，我把新鲜的甜菜分给了其他职员，大家吃完之后全都咧开嘴笑了起来，满嘴都是红色的汁液，真的很像德古拉。

甜菜不仅味道甜美，而且还可以给人们带来欢笑。我把剩下的一部分甜菜带回了家，制作了一些甜菜酵素。在此，我要向心地善良的女职员表达感谢。

制作甜菜酵素

Step 1 **购买主要材料（甜菜800g）**

可以在周末农场等地方直接栽种甜菜。在甜菜收获的季节，可以在市场和超市里轻易买到新鲜的甜菜。一定要挑选有机农产品，根部呈圆形、坚硬的甜菜切开后就会露出紫色的瓤，非常漂亮。

Step 2 **加工主材料**

挑选新鲜的甜菜，放在清水中浸泡10分钟后洗干净。把甜菜上的水分清除干净，切成适当大小的长条。

Step 3 **准备砂糖（白砂糖800g，主要材料：白砂糖的比例是1 ： 1）**

称一下准备好的甜菜的重量，然后准备相等重量的白砂糖。

Step 4 **腌制**

把切好的甜菜和60%的白砂糖混合起来，然后装入容器中。用力压实甜菜，使主材料和砂糖更好地混合，这样一来，发酵也能进行得更加顺畅。装好之后，将剩余的40%的砂糖全部都倒入容器里。

Step 5 **密封容器口，并且贴上标签**

如果是带有螺纹式盖子的容器，就先用力拧紧盖子，再稍微往回拧一点。如果没有螺纹式的盖子，就用布块或者是高丽纸将容器口密封，然后再用绳子绑紧。

将主材料的名字、腌制的日期和材料的功效等内容全部都记录到标签上，然后贴在容器上。

Step 6 **初期管理（15日）**

当材料上方覆盖的砂糖溶化了一半左右后，每天都需要上下晃动容器，使底部的砂糖也能更好地溶化。这个过程要一直进行到所有的砂糖全部都溶化为止，大概需要15天。

甜菜的茎叶都可以食用，而且富含营养成分，所以也可以用来制作酵素。
在用萝卜类的食物制作酵素的时候，切成条状的话，汁液更容易排出。
如果担心出现腐烂等现象，可以增加10%左右的砂糖量。
填满容器的80%即可。

注意不要使用完全密封的容器。
甜菜属于富含水分的球根植物，在制作酵素的过程中，容器底部会堆积大量白砂糖。由于初期管理时，位于表层的白砂糖溶化速度比较快，所以要特别关注才行。

因为这是一种很容易产生霉菌的材料，所以一定要特别关注。

注意不要让水和异物进入发酵液中，因为水和异物在日后会引发腐烂现象。

请不要使用超过50℃的热水进行冲泡。

发酵第一阶段（6个月） 7 step

把容器放在室内阴凉处，避免被阳光直射。从腌制的第一天开始，要进行长达180天的发酵过程，在这期间，要保持主材料完全浸没在发酵液里，这是非常关键的。只有这样，才能防止发霉和腐烂现象的出现，所以要适当地摁压主材料，使其完全浸泡在发酵液中，如果无法摁压的话，那么在整个发酵过程结束之前，至少一周要搅拌一次。

过滤 8 step

发酵第一阶段结束之后，用过滤网对发酵液进行过滤，将过滤之后的发酵液放入另一个容器中。过滤后剩下的固体成分可以用来制作甜菜酵素醋、甜菜酵素茶和甜菜酵素酱菜等。

发酵第二阶段和熟成（6个月） 9 step

将过滤后的甜菜发酵液装入其他容器中，进入长达6个月的二次发酵和熟成过程。每周至少要观察一次，看看是否有发霉等现象出现。

保管和饮用 10 step

在室温下进行保管，但是要避开阳光直射的环境和热气。饮用时，酵素发酵液和饮用水的比例可以是1 ∶ 3，也可以根据个人的喜好进行调整。如果熟成的过程已经结束了，但是想停止发酵维持原味的话，就需要冷藏。

一道食谱 RECIPE

甜菜酵素的颜色非常漂亮，可以在制作萝卜泡菜的时候用它给萝卜染色。添加了甜菜酵素的萝卜泡菜颜色更好，口感更佳。

脏腑的清道夫

苦苣酵素

苦苣主要是在做沙拉和包饭的时候使用，作为一种健康蔬菜最近备受人们喜爱。苦苣富含叶红素、铁和膳食纤维，是一种碱性食品。因为具有卓越的抗菌作用，所以可以清除人体内的尿酸和污染物质，使脾脏、胆囊和肾脏变得干干净净，此外，苦苣还可以清除胃里面的气体。苦苣的主要成分包括硅，据说可以帮助人体内细胞组织的恢复。苦苣中还有一种可以释放出苦味的成分，可以促进消化，强化血管系统。

SBS TV《Morning Wide》拍摄时介绍苦苣酵素

弯弯曲曲的叶子，软趴趴地贴在地上，看上去根本就不像是好吃的蔬菜，这就是苦苣。但是，它却是韩国人吃包饭时必不可少的美味蔬菜之一。到了春天的时候，我就会在乡下的农场里和离家不远的农场里栽种一些蔬菜。可以随时摘来吃，而且非常新鲜。其中，我栽种的主要蔬菜之一就是苦苣。

去年雨水很少，所以把苦苣的秧子栽到地里之后，我非常担心。因为没有雨水，担心我的苦苣无法茁壮成长。于是我就隔三差五地跑去给它们浇水。可能是我的真诚打动了它们，它们全都茁壮成长起来，不仅让我享用到整个夏天美味的包饭，我还用它们做了健康的苦苣酵素。

制作苦苣酵素

Step 1 购买主要材料（苦苣800g）

可以在周末农场里直接栽种苦苣，也可以在市场或者超市里买到。

Step 2 加工主材料

挑选新鲜的苦苣，放在清水中浸泡10分钟，然后清洗干净。清除苦苣上面的水分之后，切成适当的大小。

Step 3 准备砂糖（白砂糖800g，主要材料：白砂糖的比例是1 ： 1）

清除表面的水分之后，称量苦苣的重量，然后准备相等重量的白砂糖。

Step 4 腌制

把苦苣和60%的白砂糖均匀地混合起来，然后慢慢地装进容器里。用力压实苦苣，使主材料和砂糖更好地混合，这样一来，发酵也能进行得更加顺畅。装好之后，将剩余的40%的砂糖全部都倒入容器里面。

Step 5 密封容器口，并且贴上标签

如果是带有螺纹式盖子的容器，就先用力拧紧盖子，再稍微往回拧一点。如果没有螺纹式的盖子，就用布块或者是高丽纸将容器口密封，然后再用绳子绑紧。将主材料的名字、腌制的日期和材料的功效等内容全部都记录到标签上，然后贴在容器上。

Step 6 初期管理（15日）

当材料上方覆盖的砂糖溶化了一半左右后，每天都需要上下晃动容器，使底部的砂糖也能更好地溶化。这个过程要一直进行到所有的砂糖全部都溶化为止，大概需要15天。

Step 7 发酵第一阶段（6个月）

把容器放在室内阴凉处，避免被阳光直射。从腌制的第一天开始，要进行长达180天的发酵过程，在这期间，要保持主材料完全浸没在发酵液里，这是非常关键的。只有这样，才能防止发霉和腐烂现象的出现，所以要适当地摁压主材料，使其完全浸泡在发酵液中，如果无法摁压的话，那么在整个发酵过程结束之前，至少一周要搅拌一次。

选择有机栽培的，叶子比较宽、茎比较长、浅绿色的苦苣。

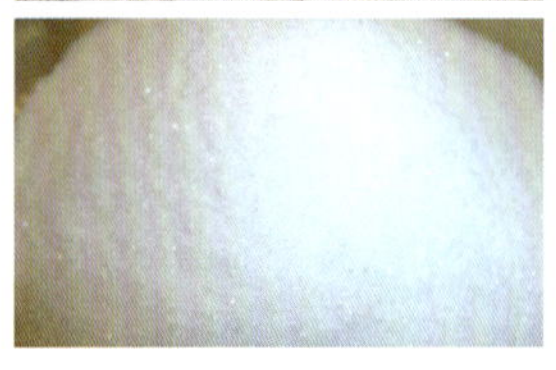

如果担心出现腐烂等现象，可以增加10%左右的砂糖量。

填满容器的80%即可，注意不要使用完全密封的容器。

进行初期管理的时候，使用木制或者塑料制的勺子进行均匀搅拌。

过滤 8 step

发酵第一阶段结束后，用过滤网对发酵液进行过滤，将过滤后的发酵液放入另一个容器中。过滤后剩下的固体成分可以用来制作苦苣酵素醋、苦苣酵素酱菜等。

注意不要让水和异物进入发酵液中，因为水和异物在日后会引发腐烂现象。

发酵第二阶段和熟成（6个月） 9 step

将过滤后的苦苣发酵液装入其他容器中，进入长达6个月的二次发酵和熟成过程。每周至少要观察一次，看看是否有发霉等现象出现。

保管和饮用 10 step

在室温下进行保管，但是要避开阳光直射的环境和热气。饮用时，酵素发酵液和饮用水的比例可以是1 ∶ 3，也可以根据个人的喜好进行调整。如果熟成的过程已经结束了，但是想停止发酵维持原味的话，就需要冷藏。

请不要使用超过50℃的热水进行冲泡。

一道食谱 RECIPE

大家可以在炒猪肉、烤猪肉等猪肉料理中添加一些苦苣酵素，味道会更美。

抗衰老、添活力的果实

桑葚酵素

桑树的一切都非常有用。叶子可以用来养蚕，木材可以制作家具，结出的桑葚可以直接吃或者酿酒。很久以前，人们就知道桑葚在强身健体方面有着显著的疗效，从唐朝的时候开始，桑树上结出的桑葚就被作为药材使用。在韩国和中国，人们把用桑葚酿造的酒称为桑葚酒，是一种非常珍贵的酒。桑葚除了富含糖分之外，还含有丰富的有机酸、维生素B1、维生素B2和维生素C等，具有利尿、镇咳、强身健体的作用，因为贫血感到头晕、耳鸣、脸色苍白的时候，即可服用。据说，因全身机能衰弱而出现白发、听力下降、眼疲劳、头晕等症状的人，最适合饮用此酒。

虽然直接食用桑葚也有非常显著的功效，但是如果制作成酵素后食用的话，还可以为身体添加对健康非常有益的微生物。

 KBS TV《想问就问》拍摄时介绍桑葚酵素

很久以前，在乡下的村子里有一棵非常古老的树。有一天，一个老人经过了村子，他又累又饿，所以决定在树下休息一会儿。老人坐下之后，发现地上有很多黑色的果实，他实在是太饿了，所以就把地上的黑色果实全都捡起来吃掉了，然后蜷缩在树下睡着了。不知道过了多久，树底下的老人已经消失得无影无踪了，只剩下一个小孩子站在树下。

我去扶安旅行的时候，在一位80多岁的老人家里寄宿，就是他给我讲了这个故事。那棵树就是桑树。就像故事中所说的老人变成了孩子一样，桑葚有着非常显著的抗衰老作用。

小时候，我的家里曾经养过蚕，所以在离家不远的地方就有一片桑树田。到了桑葚成熟的时候，我就会跟着母亲到桑树田里去摘桑葚。母亲把发紫的桑葚塞到我的嘴里，那个时候，我觉得桑葚就是这个世界上最好吃的东西。可以说，桑葚是装满了我美好童年时光的水果。

制作桑葚酵素

Step 1 购买主要材料（桑葚800g）

可以在专门栽种桑树的农场里买到桑葚，也可以在桑葚成熟的季节，去市场或者超市里购买。桑葚在夏天成熟，要挑选圆圆的、新鲜的桑葚制作酵素。

在挑选桑葚时，不要选择那些外表发黑的、软软的、熟透了的桑葚。

Step 2 加工主材料

因为桑葚沾上水就会变软，所以只要拣出里面的沙子就可以直接装起来了。

Step 3 准备砂糖（白砂糖800g，主要材料：白砂糖的比例是1 ：1）

称一下准备好的桑葚的重量，然后准备相等重量的白砂糖。虽然在制作桑葚酵素时可以添加少量的白砂糖，但是时间久了的话可能会出现腐烂的现象。

Step 4 腌制

将桑葚和60%的白砂糖以交叠的形式层层放入容器里。用力压实，使主材料和砂糖更好地混合，这样一来，发酵也能进行得更加顺畅。装好之后，将剩余的40%的砂糖全部都倒入容器里。

Step 5 密封容器口，并且贴上标签

如果是带有螺纹式盖子的容器，就先用力拧紧盖子，再稍微往回拧一点。如果没有螺纹式的盖子，就用布块或者是高丽纸将容器口密封，然后再用绳子绑紧。

将主材料的名字、腌制的日期和材料的功效等内容全部都记录到标签上，然后贴在容器上。

填满容器的80%即可，注意不要使用完全密封的容器。

进行初期管理的时候，用干净的木制或者塑料制的大勺子进行搅拌。

Step 6 初期管理（15日）

当材料上方覆盖的砂糖溶化了一半左右后，每天都需要上下晃动容器，使底部的砂糖也能更好地溶化。这个过程要一直进行到所有的砂糖全部都溶化为止，大概需要15天。制作桑葚酵素的时候，容器底部会堆积大量的白砂糖，在初期管理的时候，位于上部的白砂糖溶化的速度比较快，所以一定要特别关注才行。

因为桑葚酵素中很容易产生霉菌，所以一定要特别关注。注意不要让水和异物进入发酵液中，因为水和异物在日后会引发腐烂现象。二次发酵过程中，桑葚酵素的发酵液上层与氧气接触的部分会产生霉菌，所以第一次发酵完成之后，偶尔还要搅拌一下。

请不要使用超过50℃的热水进行冲泡。

发酵第一阶段（6个月） 7 step

把容器放在室内阴凉处，避免被阳光直射。从腌制的第一天开始，要进行长达180天的发酵过程，在这期间，要保持主材料完全浸没在发酵液里，这是非常关键的。只有这样，才能防止发霉和腐烂现象的出现，所以要适当地摁压主材料，使其完全浸泡在发酵液中，如果无法摁压的话，那么在整个发酵过程结束之前，至少一周要搅拌一次。

过滤 8 step

发酵第一阶段结束后，用过滤网对发酵液进行过滤，将过滤后的发酵液放入另一个容器中。过滤后剩下的固体成分可以用来制作桑葚酵素醋、桑葚酵素果酱、桑葚酵素酒和桑葚酵素饮料等。

发酵第二阶段和熟成（6个月） 9 step

将过滤后的桑葚发酵液装入其他容器中，进入长达6个月的二次发酵和熟成过程。每周至少要观察一次，看看是否有发霉等现象出现。尤其是桑葚酵素，过滤后的发酵液中也可能会产生霉菌，所以偶尔要搅拌一下。

保管和饮用 10 step

在室温下进行保管，但是要避开阳光直射的环境和热气。饮用时，酵素发酵液和饮用水的比例可以是1 ∶ 3，也可以根据个人的喜好进行调整。如果熟成的过程已经结束了，但是想停止发酵维持原味的话，就需要冷藏。

一道食谱 RECIPE

在酸奶或者是牛奶中添加些许桑葚酵素的话，口味更佳。与清曲酱一起制作成酱汁，然后配着蔬菜一起吃的话，会别有一番风味。

调节内分泌，为女性健康准备的礼物

月见草酵素

月见草是一种非常珍贵的植物，7月份会开出黄色的花朵，每个叶子下面都会有一朵花，直径为2~3㎝。月见草是晚上开花，白天凋谢。由于具有女性荷尔蒙的调节功能，所以月见草精油常被用来治疗痛经和月经不调等女性问题。月见草可以降低中性脂肪和胆固醇的含量，帮助血液循环。因此具有提高人体免疫能力、抗衰老等功效。

SBS TV《Morning Wide》拍摄时介绍月见草酵素

今年夏天的时候，我有十多天的休息时间。于是我就开始思索应该干点儿什么，最终，我决定跟一些熟识的酵素发烧友一起去进行2天1夜的“酵素旅行”。

我的朋友在忠州有幢别墅，听他说别墅四周有很多月见草。所以我们决定去那里采摘月见草，顺便在朋友的别墅里解决住宿问题。经过了长时间的奔波之后，我们终于到了忠州，在朋友的别墅里安顿好行李之后，我们吃完晚饭后就立即休息了。因为如果想采摘盛开的月见草，就需要凌晨起床。月见草就像它的名字一样，白天的时候花朵蜷缩成一团，月亮升起来之后才会开出黄色的花朵，夏天是月见草盛开的最佳季节。

凌晨5点，我们一边揉着惺忪的眼睛，一边踏着露水出发了。我们带着激动的心情到了月见草聚集的地方。柔柔的月光洒在夜晚的平原上，一簇簇盛开的黄色花朵向着月亮露出了笑脸，那个场景真的非常梦幻。我们采摘了适量的月见草之后就返回了别墅，这时，天边已经开始泛白了。我们一行人丝毫不知疲倦，立即开始制作月见草酵素。

结束了短暂却印象深刻的“月见草酵素制作旅行”之后，回家的路上，所有人的脸上都洋溢着快乐的笑容。每个人手里只不过是拿着一瓶刚刚制作好的酵素而已，但是却好像身上的病痛都痊愈了一样，活力四射。那个瞬间，我深刻地理解了“健康源自心情”这句话的含义。

制作月见草酵素

Step 1 **采摘主要材料（月见草800g）**

月见草主要生长在河边、路边等地。通常利用花朵和叶子制造酵素，月见草的根也可以一起利用。

Step 2 **加工主材料**

利用花朵和叶子制作酵素的时候，不要放在水里浸泡，应该以最快的速度洗干净，然后把水分去除。

Step 3 **准备砂糖（白砂糖800g，主要材料：白砂糖的比例是1 ： 1）**

清除表面的水分之后，称量月见草的重量，然后准备相等重量的白砂糖。

Step 4 **腌制**

把月见草和60%的白砂糖均匀地混合起来，装入容器中，然后把剩余的40%的白砂糖洒在上面。填满容器的80%即可，之所以要在容器上方留有一定的空间，就是因为在发酵的过程中有可能会出现溢出来的现象，当主材料溢出后，可能会招来果蝇。

Step 5 **密封容器口，并且贴上标签**

如果是带有螺纹式盖子的容器，就先用力拧紧盖子，再稍微往回拧一点。这样的话，发酵过程中产生的气体就会轻松地排出去，而且果蝇也没有办法进到容器里面。如果没有螺纹式的盖子，就用布块或者是高丽纸将容器口密封，然后再用绳子绑紧。

将主材料的名字、腌制的日期和材料的功效等内容全部都记录到标签上，然后贴在容器上。

Step 6 **初期管理（15日）**

当材料上方覆盖的砂糖溶化了一半左右后，每天都需要上下晃动容器，使底部的砂糖也能更好地溶化。这个过程要一直进行到所有的砂糖全部都溶化为止，大概需要15天。

在清洗月见草的时候，注意不要使用醋，晾干的时候要放在阴凉处，注意不要加热。

如果担心出现腐烂等现象，可以增加10%左右的砂糖量。

把月见草和60%的白砂糖均匀地混合在一起，然后装在容器中。用力压实月见草，使主材料和砂糖更好地混合，这样一来，发酵也能进行得更加顺畅。

注意不要使用完全密封的容器。

进行初期管理的时候，用干净的木制或者塑料制的大勺子进行搅拌。

注意不要让水和异物进入发酵液中，因为水和异物在日后会引发腐烂现象。

请不要使用超过50℃的热水进行冲泡。

发酵第一阶段（6个月） 7 step

把容器放在室内阴凉处，避免被阳光直射。从腌制的第一天开始，要进行长达180天的发酵过程，在这期间，要保持主材料完全浸没在发酵液里，这是非常关键的。只有这样，才能防止发霉和腐烂现象的出现，所以要适当地摁压主材料，使其完全浸泡在发酵液中，如果无法摁压的话，那么在整个发酵过程结束之前，至少一周要搅拌一次。

过滤 8 step

发酵第一阶段结束后，用过滤网对发酵液进行过滤，将过滤后的发酵液放入另一个容器中。过滤后剩下的固体成分可以用来制作月见草酵素醋、月见草酵素酒和月见草酵素茶等。虽然经过100天之后就可以饮用，但是，如果多放置一段时间的话，味道会更好。

发酵第二阶段和熟成（6个月） 9 step

将过滤后的月见草发酵液装入其他容器中，进入长达6个月的二次发酵和熟成过程。每周至少要观察一次，看看是否有发霉等现象出现。

保管和饮用 10 step

在室温下进行保管，但是要避开阳光直射的环境和热气。饮用时，酵素发酵液和饮用水的比例可以是1 ∶ 3，也可以根据个人的喜好进行调整。如果熟成的过程已经结束了，但是想停止发酵，维持原味的话，就需要冷藏。

一道食谱 Recipe

用月见草的叶和花制作而成的酵素直接当作茶或者饮料来喝味道更好，这是一种对老人和女人非常好的饮料。

油腻的克星，降低胆固醇

马齿苋酵素

马齿苋是农民们最讨厌的杂草之一。因为马齿苋的生命力非常旺盛，不管怎么拔，都会迅速地重新长出来。

马齿苋又叫“五行草”，因为它的叶子是绿色的，茎是红色的，花是黄色的，果实是黑色的，根是灰色的。这种蕴含了阴阳五行气韵的草就是马齿苋，据说如果能够正确食用的话，可以不长白头发、延年益寿，所以又被称为“长命菜”。马齿苋富含草酸钙等大量的无机盐和多巴胺等。最近，研究显示马齿苋中还含有Ω-3脂肪酸和维生素E，引起了大众的关注。马齿苋的嫩叶可以做成凉拌菜食用，用热水焯过之后，加入适量的芝麻和酱油等各种调料搅拌均匀后，就变成了夏天最受人们欢迎的美味凉拌菜。

MBC TV推荐可以让人保持活力的马齿苋酵素

上周，岳母来我家住了一周。每当她觉得身体不适的时候，我都会给她喝马齿苋酵素，住了几天之后，她觉得身体恢复得差不多了。看来在小女儿身边身心都会变得舒畅。跟我们一起住了一周之后，她说要回家，所以我和妻子陪着岳母一起回到了乡下的老家。

开了4个小时左右的车，终于到了位于镇安的岳母家。打开大门后，满满一院子的马齿苋便映入了我的眼帘。就好像是面对着一片太阳花的花田一样，让人的嘴角不知不觉就浮现出了笑容。

我吃完饭之后，就到院子里采摘马齿苋。可能是因为刚下过雨的缘故，土地变得非常松软，整棵马齿苋都能连根拔起。那天晚上，我就在岳母家用马齿苋做起了酵素。对于无法时时陪在老人身边的我们来说，马齿苋酵素就像健康的卫士，代替我们护卫着长辈的健康。第二天，跟岳母道别之后，我却怎么也迈不动脚步，虽然仅仅在一起住了一周，但是却产生了非常深厚的感情。虽然我这个女婿来到乡下之后依然沉迷于酵素中，但是我的岳母却依然疼爱我。亲爱的岳母，希望您永远健康。

制作马齿苋酵素

Step 1 购买主要材料（马齿苋800g）

马齿苋的根、叶和茎全都可以用来制作马齿苋酵素。虽然马齿苋随处可见，但是千万不要选择田地周围喷洒了农药的马齿苋。因为马齿苋在农村是杂草的代名词，所以没有人专门栽种。如果很难挖到野生的马齿苋的话，可以在自己家的房前屋后亲自栽种一些。

Step 2 加工主材料

要尽可能地清除掉洗过的马齿苋上面的水分。注意不要把马齿苋本身带有的水分消除掉。清除掉水分之后，切成适当的大小。

Step 3 准备砂糖（白砂糖800g，主要材料：白砂糖的比例是1 ： 1）

清除表面的水分之后，称量马齿苋的重量，然后准备相等重量的白砂糖。

Step 4 腌制

把马齿苋和60%的白砂糖均匀地混合起来，然后装在容器里。用力压实马齿苋，使主材料和砂糖更好地混合，这样一来，发酵也能进行得更加顺畅。装好之后，将剩余的40%的砂糖全部都倒入容器里面。

Step 5 密封容器口，并且贴上标签

如果是带有螺纹式盖子的容器，就先用力拧紧盖子，再稍微往回拧一点。如果没有螺纹式的盖子，就用布块或者是高丽纸将容器口密封，然后再用绳子绑紧。

将主材料的名字、腌制的日期和材料的功效等内容全部都记录到标签上，然后贴在容器上。

Step 6 初期管理（15日）

当材料上方覆盖的砂糖溶化了一半左右后，每天都需要上下晃动容器，使底部的砂糖也能更好地溶化。这个过程要一直进行到所有的砂糖全部都溶化为止，大概需要15天。

因为马齿苋的茎含有大量的水分，所以不能放在水里浸泡太长时间。如果连根部也一起使用的话，一定要仔细清除掉根部的泥土才行。清洗的时候，注意不能使用醋，清洗干净后，放在阴凉通风处晾干。

如果担心出现腐烂等现象，可以增加10%左右的砂糖量。填满容器的80%即可，注意不要使用完全密封的容器。

进行初期管理的时候，用干净的木制或者塑料制的大勺子进行搅拌。

发酵过程中可能会产生很多泡沫，所以必须要仔细管理才行。注意不要让水和异物进入发酵液中，因为水和异物在日后会引发腐烂现象。

请不要使用超过50℃的热水进行冲泡。

发酵第一阶段（6个月） 7 Step

把容器放在室内阴凉处，避免被阳光直射。从腌制的第一天开始，要进行长达180天的发酵过程，在这期间，要保持主材料完全浸没在发酵液里，这是非常关键的。只有这样，才能防止发霉和腐烂现象的出现，所以要适当地摁压主材料，使其完全浸泡在发酵液中，如果无法摁压的话，那么在整个发酵过程结束之前，至少一周要搅拌一次。

过滤 8 Step

发酵第一阶段结束后，用过滤网对发酵液进行过滤，将过滤后的发酵液放入另一个容器中。过滤后剩下的固体成分可以用来制作马齿苋酵素醋、马齿苋酵素酱菜、马齿苋酵素酒和马齿苋酵素茶等。

发酵第二阶段和熟成（6个月） 9 Step

将过滤后的马齿苋发酵液装入其他容器中，进入长达6个月的二次发酵和熟成过程。每周至少要观察一次，看看是否有发霉等现象出现。

保管和饮用 10 Step

在室温下进行保管，但是要避开阳光直射的环境和热气。饮用的时候，酵素发酵液和饮用水的比例可以是1 ∶ 3，也可以根据个人的喜好进行调整。如果熟成的过程已经结束了，但是想停止发酵维持原味的话，就需要冷藏。

一道食谱 RECIPE

马齿苋酵素非常适合在空腹口渴的时候饮用。在冲泡谷物粉的时候，添加一些马齿苋酵素的话，味道会非常好。

猕猴桃酵素

猕猴桃是一种富含膳食纤维的减肥食物，它的膳食纤维含量是苹果的3倍。其中的果胶等可溶性膳食纤维能够溶解在血液中，可以延缓糖、胆固醇等营养素的吸收，不溶性的膳食纤维可以帮助大肠里面废弃物的排出。因为猕猴桃的果皮里面含有的可溶性膳食纤维要比果肉里面的多，所以把猕猴桃切开之后，最好一直吃到最接近果皮的部分。

猕猴桃的血糖生成指数为35，可以说是血糖生成指数非常低的食品了。也就是说，虽然一个猕猴桃的卡路里与其他水果相似，为50~70kcal，但是因为它的血糖生成指数比较低，所以人体吸收得非常缓慢。如果血糖生成指数比较低的话，那么不仅很容易消耗脂肪，而且脂肪的堆积速度也会变慢，所以，猕猴桃对体重的调节非常有好处。尤其是黄金奇异果，里面含有的维生素C是橙子的2倍，含有的维生素E是苹果的6倍，此外还富含叶酸、钾、磷等无机物，是一种深受孩子们喜爱的水果。

KBS TV《生老病死的秘密》中推荐改善便秘的猕猴桃酵素

如果经常去市场的话，经常能遇上质优价廉的猕猴桃。星期六的下午，妻子说要去一趟安阳中央市场，由于我上午去爬山了，已经累得浑身无力，实在无法奉陪了，所以就没有跟她一起去。

不知道过了多久，妻子给我打了一个电话："市场里的猕猴桃实在是太好了，而且价格也很便宜，我要不要买一点儿回去啊？"

"好啊，多买一点儿回来，我可以做一些猕猴桃酵素。"我毫不犹豫地回答说。

"又做酵素？真是烦死了，你要是做酵素的话，我就不买了。"说了这些狠话的妻子没过多久就拎着菜篮子回来了。她虽然买了猕猴桃回来，但是并没有买太多。因为其他的菜太沉了，所以就少买了一点儿。我看到那些猕猴桃果然像妻子说的一样，非常新鲜！这实在是不可多得的上好的酵素材料啊！我顷刻间忘记了疲惫，立即骑着自行车出门了。我在中央市场的水果店里买了很多价格便宜、质量优良的猕猴桃，哼着歌回家了。

"原来我还比不上几个猕猴桃吗！"妻子忿忿地对我唠叨，但是看到我努力制作猕猴桃酵素的样子之后，又好气又好笑，最后也懒得数落我了。

制作猕猴桃酵素

Step 1 购买主要材料（猕猴桃800g）

在市场或者超市里都可以买到猕猴桃。但最好是选择有机产品，好的猕猴桃表面非常湿润，看上去很新鲜，只有这样的猕猴桃制作出来的发酵液的量才会更多，味道也会更甜美。

外形好看，果皮为褐色，用指尖按压时就像熟透了的桃子一样软绵绵的猕猴桃更适合制作酵素。

清洗猕猴桃的时候，注意不要使用醋，放在阴凉通风处晾干。

如果担心出现腐烂等现象，可以增加10%左右的砂糖量。

Step 2 加工主材料

虽然猕猴桃的果皮中也含有丰富的营养成分，但是我还是决定只用果肉来做酵素。把猕猴桃的果皮剥掉之后不用切开，直接使用就可以了。发酵之后剩下的渣滓可以用来制作果酱。当然，也可以切开使用。

Step 3 准备砂糖（白砂糖800g，主要材料：白砂糖的比利是1 ： 1）

称一下去除果皮之后的猕猴桃的重量，然后准备相等重量的白砂糖。

Step 4 腌制

填满容器的80%即可。之所以要在容器上方留下一定的空间，就是因为在发酵的过程中有可能会出现溢出的现象，这样可能会招来果蝇。

把猕猴桃一个个放入容器中，把白砂糖倒进去。然后左右晃动容器，使白砂糖均匀地渗入猕猴桃之间的缝隙中。

进行初期管理的时候，用干净的木制或者塑料制的大勺子进行搅拌。

Step 5 密封容器口，并且贴上标签

如果是带有螺纹式盖子的容器，就先用力拧紧盖子，再稍微往回拧一点。这样的话，发酵过程中产生的气体就会轻松地排除去，而且果蝇也没有办法进到容器里面。如果没有螺纹式的盖子，就用布块或者是高丽纸将容器口密封，然后再用绳子绑紧。

将主材料的名字、腌制的日期和材料的功效等内容全部都记录到标签上，然后贴在容器上。

Step 6 初期管理（15日）

当材料上方覆盖的砂糖溶化了一半左右后，每天都需要上下晃动容器，使底部的砂糖也能更好地溶化。这个过程要一直进行到所有的砂糖全部都溶化为止，大概需要15天。

由于发酵速度非常快，所以进行初期管理的时候一定要集中注意力才行。

注意不要让水和异物进入发酵液中，因为水和异物在日后会引发腐烂现象。

请不要使用超过50℃的热水进行冲泡。

发酵第一阶段（6个月）

把容器放在室内阴凉处，避免被阳光直射。从腌制的第一天开始，要进行长达180天的发酵过程，在这期间，要保持主材料完全浸没在发酵液里，这是非常关键的。只有这样，才能防止发霉和腐烂现象的出现，所以要适当地摁压主材料，使其完全浸泡在发酵液中，如果无法摁压的话，那么在整个发酵过程结束之前，至少一周要搅拌一次。

过滤

8 step

发酵第一阶段结束后，用过滤网对发酵液进行过滤，将过滤后的发酵液放入另一个容器中。过滤后剩下的固体成分可以用来制作猕猴桃酵素醋、猕猴桃酵素果酱等，也可以在喝牛奶、酸奶的时候添加一些，味道会更好。

发酵第二阶段和熟成（6个月）

将过滤后的猕猴桃发酵液装入其他容器中，进入长达6个月的二次发酵和熟成过程。每周至少要观察一次，看看是否有发霉等现象出现。

保管和饮用

在室温下进行保管，但是要避开阳光直射的环境和热气。饮用时，酵素发酵液和饮用水的比例可以是1 ∶ 3，也可以根据个人的喜好进行调整。如果熟成的过程已经结束了，但是想停止发酵维持原味的话，就需要冷藏。

一道食谱 RECIPE

可以把坚果类、酸奶和猕猴桃酵素一起放进搅拌机中搅碎，然后作为调味汁洒在蔬菜上面，味道会更好。如果洒在肉类食品中的话，肉的口感会更柔软。

让克利奥帕特拉都为之倾倒的蔬菜

黄秋葵酵素

黄秋葵属于亚热带蔬菜，因为跟女人的手指长得很像，所以又被称为“女人指”。黄秋葵的花朵是黄色的，会从夏天一直盛开到秋天。做汤的时候可以放一些比较嫩的豆荚，成熟变硬的豆荚则可以用来制作秋葵酒。把黄秋葵切开的话，就会流出黏黏的汁液，黏液中富含半乳糖、果胶、阿拉伯聚糖和黏蛋白等营养成分。其中，黏蛋白可以通过与高分子糖蛋白相结合来保护我们的小肠。而且，果胶还可以降低血液中的胆固醇指数，减少血清葡萄糖的含量。由于黄秋葵富含维生素C，所以有助于美白皮肤，此外，对治疗便秘也有一定的疗效。

 SBS TV《Morning Wide》中介绍可以使人保持年轻的黄秋葵酵素

去年夏天，我去了一趟朋友的农场，发现农场里有一种既像辣椒又像花草的植物，于是我就问朋友那是什么。就是在那个时候，我第一次听到了黄秋葵这个陌生的名字。黄秋葵的果实就像辣椒一样，但是并不是向下长，而是向上长。真是一种奇特的蔬菜啊。我向朋友要了一坛子黄秋葵，回家做成了酵素。柔柔的淡粉色，真的是太漂亮了。

在韩国，黄秋葵有时候会被介绍为洋辣椒，最近引起了人们的广泛关注和研究。黄秋葵的果实里面有很多圆形种子，听说在咖啡不够充足的第二次世界大战时期，人们经常把黄秋葵的种子炒了之后代替咖啡饮用。

克利奥帕特拉和杨贵妃都非常喜爱这种蔬菜，她们把它作为维持美貌的健康蔬菜。黄秋葵最初是在埃及开始作为蔬菜进行栽培的，但是现在日本成为了最大的栽培国，高知县香美市正在大规模栽培。高知县的人都非常喜欢吃黄秋葵，所以不分男女老少，身体都非常健康。

制作黄秋葵酵素

step 1 **购买主要材料（黄秋葵800g）**

只要在网络上搜索一下，就能轻松找到栽培黄秋葵的专门农场。现在网购蔬菜水果也成为了热潮，不管多么不常见的蔬果，都可以在网上买到。当然，如果你有时间和耐心，也可以自己栽培。

step 2 **加工主材料**

把黄秋葵去蒂，然后清洗干净。去除水分之后切成斜片。

step 3 **准备砂糖（白砂糖800g，主要材料：白砂糖的比例是1 ： 1）**

清除表面的水分后，称量黄秋葵的重量，然后准备相等重量的白砂糖。

step 4 **腌制**

把黄秋葵和60%的白砂糖均匀地混合起来，然后装入容器中。装好后，左右晃动容器，使白砂糖和黄秋葵均匀地混合在一起，最后将剩余的40%的砂糖全部都倒入容器里面。

之所以要在容器上方留有一定的空间，就是因为在发酵的过程中有可能会出现溢出的现象，这样可能会招来果蝇。

step 5 **密封容器口，并且贴上标签**

如果是带有螺纹式盖子的容器，就先用力拧紧盖子，再稍微往回拧一点。这样的话，发酵过程中产生的气体就会轻松地排出去，而且果蝇也没有办法进到容器里面。如果没有螺纹式的盖子，就用布块或者是高丽纸将容器口密封，然后再用绳子绑紧。

将主材料的名字、腌制的日期和材料的功效等内容全部都记录到标签上，然后贴在容器上。

step 6 **初期管理（15日）**

当材料上方覆盖的砂糖溶化了一半左右后，每天都需要上下晃动容器，使底部的砂糖也能更好地溶化。这个过程要一直进行到所有的砂糖全部都溶化为止，大概需要15天。

挑选蒂比较新鲜、鲜绿色的黄秋葵。

填满容器的80%即可，注意不要使用完全密封的容器。

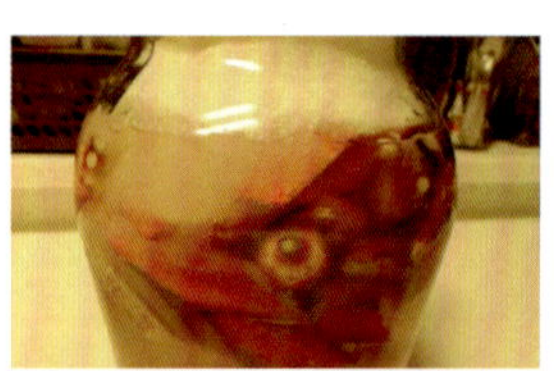

进行初期管理的时候，用干净的木制或者塑料制的大勺子进行搅拌。

由于黄秋葵含有很多黏液，所以注意不要产生霉菌。

注意不要让水和异物进入发酵液中，因为水和异物在日后会引发腐烂现象。

请不要使用超过50℃的热水进行冲泡。

发酵第一阶段（6个月） 7 step

把容器放在室内阴凉处，避免被阳光直射。从腌制的第一天开始，要进行长达180天的发酵过程，在这期间，要保持主材料完全浸没在发酵液里，这是非常关键的。只有这样，才能防止发霉和腐烂现象的出现，所以要适当地摁压主材料，使其完全浸泡在发酵液中，如果无法摁压的话，那么在整个发酵过程结束之前，至少一周要搅拌一次。

过滤 8 step

发酵第一阶段结束后，用过滤网对发酵液进行过滤，将过滤后的发酵液放入另一个容器中。过滤后剩下的固体成分可以用来制作黄秋葵酵素醋、黄秋葵酵素茶和黄秋葵酵素酱菜等。

发酵第二阶段和熟成（6个月） 9 step

将过滤后的黄秋葵发酵液装入其他容器中，进入长达6个月的二次发酵和熟成过程。每周至少要观察一次，看看是否有发霉等现象出现。

保管和饮用 10 step

在室温下进行保管，但是要避开阳光直射的环境和热气。饮用时，酵素发酵液和饮用水的比例可以是1 ： 3，也可以根据个人的喜好进行调整。如果熟成的过程已经结束了，但是想停止发酵维持原味的话，就需要冷藏。

一道食谱 Recipe

夏天的时候，黄秋葵酵素可以作为补药来食用。因为黄秋葵里面富含维生素B群，所以，如果在水中添加一些黄秋葵酵素之后再喝的话，疲倦的身体很快就会恢复生机。

减肥、改善鼻炎症状

丝瓜酵素

丝瓜的果实为绿色，呈圆柱状，表面有纵纹。到了晚夏的时候会开出黄色的花。以前，人们经常用丝瓜来刷锅洗碗。丝瓜富含膳食纤维、矿物质等营养成分。丝瓜的汁液还被用作皮肤美容、化妆水的原料。丝瓜酵素属于凉性食品，具有化痰、促进血液循环等作用。

MBC TV 介绍适宜鼻炎人群饮用的丝瓜酵素

我的鼻子从小就有问题，上高中的时候曾经做过鼻窦炎手术。现在想一想，真是让人心惊胆战的原始的手术方法。我甚至听到了用锤子敲、用凿子往外刮的声音。

手术15年之后，我的鼻窦炎又复发了。不仅如此，甚至更加严重，到了晚上的时候，鼻子就会被堵塞，甚至都没有办法正常呼吸。虽然医生劝我做手术，但是以前的手术给我留下了阴影，我一想起来就觉得可怕，无论如何也不想再做手术了。于是，我开始打听各种民间疗法。我听说榆树根皮、木莲花花苞和丝瓜等非常有疗效，所以就把这些材料放在一起煮，就像喝大麦茶一样，每天都喝。喝了之后，我发现效果真的非常好，所以到现在都一直在喝。住在乡下的母亲为我提供丝瓜液，有时候我也会自己栽种丝瓜，要么直接榨汁喝，要么制作成丝瓜酵素，即使外出旅行也可以带着，喝起来非常方便。

虽然我最近又有一些鼻炎、鼻窦炎的症状，但是我的状态已经比以前好很多了。民间疗法或者是健康食品并不可能一次性就能把病治好，但是却可以帮助身体机能渐渐恢复。

制作丝瓜酵素

Step 1 **购买主要材料（丝瓜800g）**

丝瓜是十分常见的蔬菜，在市场和超市里可以轻松买到。制作酵素的时候最好选择有机丝瓜，如果有时间的话，也可以亲自在周末农场里栽培。

Step 2 **加工主材料**

挑选新鲜的丝瓜，放在清水中浸泡10分钟后洗干净。去除水分后切成适当的大小。

Step 3 **准备砂糖（白砂糖800g，主要材料：白砂糖的比例是1 ：1）**

称一下准备好的丝瓜的重量，然后准备相等重量的白砂糖。

Step 4 **腌制**

把丝瓜和60%的白砂糖均匀地混合在一起，然后装在容器中，用力压实丝瓜，使主材料和砂糖更好地混合，这样一来，发酵也能进行得更加顺畅。装好之后，将剩余的40%的砂糖全部都倒入容器里。

Step 5 **密封容器口，并且贴上标签**

如果是带有螺纹式盖子的容器，就先用力拧紧盖子，再稍微往回拧一点。如果没有螺纹式的盖子，就用布块或者是高丽纸将容器口密封，然后再用绳子绑紧。

将主材料的名字、腌制的日期和材料的功效等内容全部都记录到标签上，然后贴在容器上。

Step 6 **初期管理（15日）**

当材料上方覆盖的砂糖溶化了一半左右后，每天都需要上下晃动容器，使底部的砂糖也能更好地溶化。这个过程要一直进行到所有的砂糖全部都溶化为止，大概需要15天。

Step 7 **发酵第一阶段（6个月）**

把容器放在室内阴凉处，避免被阳光直射。从腌制的第一天开始，要进行长达180天的发酵过程，在这期间，要保持主材料完全浸没在发酵液里，这是非常关键的。只有这样，才能防止发霉和腐

挑选表面有光泽的丝瓜做材料，最好不要选用摸上去软绵绵的丝瓜。

如果担心会出现腐烂等现象的话，可以增加10%左右的砂糖量。

填满容器的80%即可，注意不要使用完全密封的容器。

进行初期管理的时候，用干净的木制或者是塑料制的大勺子进行搅拌。

完成初期发酵后，一定要仔细保管。
注意不要让水和异物进入发酵液中，因为水和异物在日后会引发腐烂现象。

请不要使用超过50℃的热水进行冲泡。

烂现象的出现。所以要适当地摁压主材料，使其完全浸泡在发酵液中，如果无法摁压的话，那么整个发酵过程结束之前，至少一周要搅拌一次。

过滤 8 step

发酵的第一阶段结束之后，用过滤网对发酵液进行过滤，将过滤之后的发酵液放入另一个容器中。对发酵液进行过滤之后剩下的固体成分，可以用来制作丝瓜酵素醋、丝瓜酵素茶和丝瓜酵素酱菜等。

发酵第二阶段和熟成（6个月） 9 step

将过滤之后的丝瓜发酵液装入其他容器中，进入长达6个月的二次发酵和熟成过程。每周至少要观察一次，看看是否有发霉等现象出现。

保管和饮用 10 step

在室温下进行保管，但是要避开阳光直射的环境和热气。饮用时，酵素发酵液和饮用水的比例可以是1 ∶ 3，也可以根据个人的喜好进行调整。如果熟成的过程已经结束了，但是想停止发酵维持原味的话，就需要冷藏。

一道食谱 RECIPE

当你迫切想要减肥的时候，也可以试一试丝瓜酵素。丝瓜酵素对皮肤有好处，而且还可以用作沐浴乳。

对哺乳期的女性尤为有益

萝藦酵素

萝藦又被称为芄兰，春天发芽，7—10月会开出一种淡紫色的花，非常漂亮。不管是从哪个地方切开，都会流出黏液。萝藦的果实非常尖，在10月成熟后，子房就会裂开，带着绒毛的种子就会随风播散，这也是萝藦繁殖的方式。

没有成熟的果实可以直接食用，味道非常甜美，性温和，可以为男性补充阳气，具有强身健体的作用。不仅如此，萝藦对哺乳期的女性尤为有益。

SBS TV《Moring Wide》中介绍对男性和哺乳期女性都非常有益的萝藦酵素

每年我都会去长湖院的一个农场买桃子，就像是例行活动一样。那是一个每次都会给我带来不一样感觉的地方。我从安阳出发，开了2个多小时的车后到达目的地，管理农场的老夫妇非常高兴地迎接了我们。他们说，虽然今年因为台风吹倒了几棵树让他们有些心痛，但是能够剩下这些也是不幸中的万幸了。农场主怀着“保护好土地，才能种出好庄稼”的信念，一直用有机种植方法管理农场。我们应该感谢身边有这样愿意保护土地、培育优质作物的农民们。

我们挑完桃子后，又沿着篱笆围着农场转了一圈。就是在散步的途中，我发现了萝藦……地里长满了萝藦。以前的时候，萝藦是农村人眼里让人厌烦的杂草，现在却成为了贵重的药草，深受人们关注。我高兴地采了很多带回了家。

用这么贵重的药草做点儿什么呢？要不要酿酒呢？苦恼了一会儿后，我决定用萝藦做一些酵素。因为酵素可以保管很长时间，可以跟更多的人一起分享。

制作萝藦酵素

Step 1 **购买主要材料（萝藦800g）**

市场里经常有人卖，如果有熟人经营农场的话，可以提前搜罗一下，最好是购买有机农产品。

Step 2 **加工主材料**

把萝藦洗干净。如果叶子、茎和根都要用的话，可以切成适当的大小。洗干净后去除水分。不用切开果实，直接用就可以了。

Step 3 **准备砂糖（白砂糖800g，主要材料：白砂糖的比例是1 ： 1）**

称一下准备好的萝藦的重量，然后准备相等重量的白砂糖。

Step 4 **腌制**

把准备好的萝藦和60%的白砂糖均匀地混合起来，然后装入容器里。用力压实萝藦，使主材料和砂糖更好地混合，这样一来，发酵可能进行得更加顺畅。装好后，将剩余的40%的砂糖全部都倒入容器里。

清洗萝藦的时候，不要使用醋，放在阴凉通风处晾干。
如果担心会出现腐烂等现象的话，可以增加10%左右的砂糖量。

Step 5 **密封容器口，并且贴上标签**

如果是带有螺纹式盖子的容器，就先用力拧紧盖子，再稍微往回拧一点。如果没有螺纹式的盖子，就用布块或者是高丽纸将容器口密封，然后再用绳子绑紧。

将主材料的名字、腌制的日期和材料的功效等内容全部都记录到标签上，然后贴在容器上。

Step 6 **初期管理（15日）**

当材料上方覆盖的砂糖溶化了一半左右后，每天都需要上下晃动容器，使底部的砂糖也能更好地溶化。这个过程要一直进行到所有的砂糖全部都溶化为止，大概需要15天。

填满容器的80%即可，注意不要使用完全密封的容器。
进行初期管理的时候，用干净的木制或者是塑料制的大勺子进行搅拌。

Step 7 **发酵第一阶段（6个月）**

把容器放在室内阴凉处，避免被阳光直射。从腌制的第一天开始，要进行长达180天的发酵过程，在这期间，要保持主材料完全浸没在发酵液里，这是非常关键的。

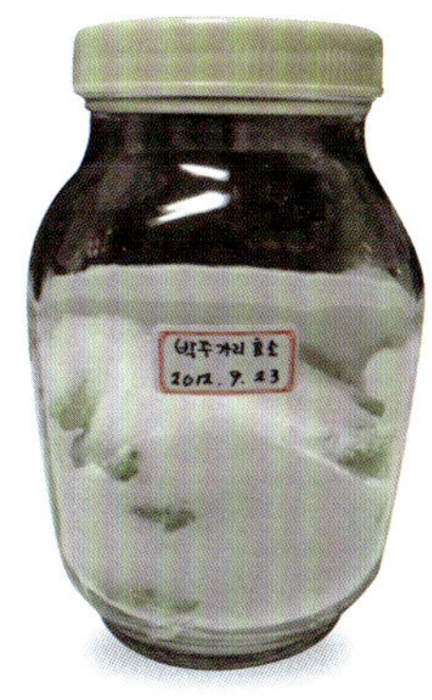

如果不切开果实的话，发酵时间会变长。

注意不要让水和异物进入发酵液中，因为水和异物会成为日后出现腐烂现象的原因。

请不要使用超过50℃的热水进行冲泡。

只有这样，才能防止发霉和腐烂现象的出现，所以要适当地摁压主材料，使其完全浸泡在发酵液中，如果无法摁压的话，那么在整个发酵过程结束之前，至少一周要搅拌一次。

过滤 8 step

发酵第一阶段结束后，用过滤网对发酵液进行过滤，将过滤后的发酵液放入另一个容器中。过滤后剩下的固体成分可以用来制作萝藦酵素醋、萝藦酵素酱菜和萝藦酵素茶等。

发酵第二阶段和熟成（6个月） 9 step

将过滤之后的萝藦发酵液装入其他容器中，进入长达6个月的二次发酵和熟成过程。每周至少要观察一次，看看是否有发霉等现象出现。

保管和饮用 10 step

在室温下进行保管，但是要避开阳光直射的环境和热气。饮用时，酵素发酵液和饮用水的比例可以是1∶3，也可以根据个人的喜好进行调整。如果熟成的过程已经结束了，但是想停止发酵维持原味的话，就需要冷藏。

一道食谱 RECIPE

如果把萝藦酵素放入鱼类的醋拌菜中，会别有一番风味。萝藦酵素是一种可以为身体补充能量的酵素。

清除尼古丁毒素，专为吸烟的家人而准备

桃子酵素

桃是一种碱性食物，是夏季的时令水果。桃子可以促进肠道蠕动，治疗便秘。此外，桃子酵素还有化解瘀血的作用。桃的果皮可以解毒，桃子中含有的有机酸可以清除尼古丁毒素。桃里还含有抑制致癌物质亚硝胺生成的成分。桃的主要成分是水分和糖分，酒石酸、苹果酸和柠檬酸等有机酸的含量为1%，维生素A和甲酸、乙酸、戊酸等酯和酒精类、醛类、果胶的含量也很丰富。果肉中富含游离氨基酸，其中，天冬氨酸的含量尤为丰富。

SBS TV《Moring Wide》中介绍有助于元气恢复的桃子酵素

到了秋天的时候，我们十多个人会组成一个小团体，为了购买桃子一起去旅行。这个传统活动已经持续了10多年了。提到桃子，我就会想到桃子的故乡长湖院的“Hassare”，“Hassare”是利川市的一个农产品的品牌，我吃过一次就再也没能忘记那个味道，所以每年都会去长湖院买桃子。安阳与长湖院之间的距离大约为100km。早上9点出发，10点20分左右就可以到达，是一个离安阳并不远的地方。

在这10多年里，我们一直都去同一个农场购买桃子，这个农场是一家人一起经营的，所以更值得我们信赖。到了农场后，我们跟主人们一起采摘、挑选桃子，跟他们谈笑聊天。看着经历了台风的袭击依然漂亮无比的桃子，内心不知不觉就变得非常充实。

把桃子的果皮剥掉之后，香甜的味道立即扑鼻而来。咬一口软软的桃子，满嘴都是香甜的味道。不直接去果园里品尝的话，是很难想象这种香甜的味道的。

制作桃子酵素

Step 1 **购买主要材料（桃子800g）**

可以在桃子成熟的季节，去市场或者超市里购买应季的新鲜桃子。

Step 2 **加工主材料**

因为桃子是很容易腐烂的水果，所以购买之后应该尽快制作成酵素，可以直接带着果皮制作。

Step 3 **准备砂糖（白砂糖800g，主要材料：白砂糖的比例是1 ：1）**

清除表面的水分后，称量桃子的重量，然后准备相等重量的白砂糖。

Step 4 **腌制**

把准备好的桃子和60%的白砂糖均匀地混合起来，然后装到容器里。用力压实桃子，使主材料和砂糖更好地混合，这样一来，发酵也能进行得更加顺畅。装好之后，将剩余的40%的砂糖全部都倒入容器里。

Step 5 **密封容器口，并且贴上标签**

如果是带有螺纹式盖子的容器，就先用力拧紧盖子，再稍微往回拧一点。如果没有螺纹式的盖子，就用布块或者是高丽纸将容器口密封，然后再用绳子绑紧。将主材料的名字、腌制的日期和材料的功效等内容全部都记录到标签上，然后贴在容器上。

Step 6 **初期管理（15日）**

当材料上方覆盖的砂糖溶化了一半左右后，每天都需要上下晃动容器，使底部的砂糖也能更好地溶化。这个过程要一直进行到所有的砂糖全部都溶化为止，大概需要15天。

Step 7 **发酵第一阶段（6个月）**

把容器放在室内阴凉处，避免被阳光直射。从腌制的第一天开始，要进行长达180天的发酵过程，在这期间，要保持主材料完全浸没在发酵液里，这是非常关键的。只有这样，才能防止发霉和腐烂现象的出现。

因为桃子里面的果汁比较多，白砂糖很快就会溶化，所以应该先把桃子放进去，然后再放白砂糖，这样会更容易密封。如果担心会出现腐烂等现象的话，可以增加10%左右的砂糖量。

填满容器的80%即可。因为在进行初期管理的时候，桃子酵素很容易产生霉菌，所以要特别关注才行。进行初期管理的时候，用干净的木制或者是塑料制的大勺子进行搅拌。

注意不要让水和异物进入发酵液中，因为水和异物在日后会引发腐烂现象。

请不要使用超过50℃的热水进行冲泡。

所以要适当地摁压主材料，使其完全浸泡在发酵液中，如果无法摁压的话，那么在整个发酵过程结束之前，至少一周要搅拌一次。

过滤 8 step

发酵第一阶段结束后，用过滤网对发酵液进行过滤，将过滤后的发酵液放入另一个容器中。过滤后剩下的固体成分可以用来制作桃子酵素醋、桃子酵素酒等。

发酵第二阶段和熟成（6个月） 9 step

将过滤后的桃子发酵液装入其他容器中，进入长达6个月的二次发酵和熟成过程。每周至少要观察一次，看看是否有发霉等现象出现。

保管和饮用 10 step

在室温下进行保管，但是要避开阳光直射的环境和热气。饮用时，酵素发酵液和饮用水的比例可以是1 ∶ 3，也可以根据个人的喜好进行调整。如果熟成的过程已经结束了，但是想停止发酵维持原味的话，就需要冷藏。

一道食谱 RECIPE

在慵懒的夏日，喝上一杯桃子酵素的话，立即就会恢复活力。桃子酵素还可以有效地清除香烟里的尼古丁。但是，如果跟鳗鱼一起食用的话，会引起腹泻，所以饮用的时候一定要注意。

AUTUMN
秋天制造的酵素

改善鼻窦炎和鼻炎的换季名药

刀豆酵素

因为豆荚的形状像刀，所以起名刀豆。豆子有红色、白色和黑色等不同的颜色。刀豆中富含维生素B群，味甜、性温，吃了之后可以温和体内、补充元气。在中国和日本，刀豆都是一种非常受人喜爱的蔬菜。在没有胃口的夏季，刀豆不仅可以让你胃口大开，而且还可以减少血液中的脂肪。刀豆富含膳食纤维，对治疗便秘也有一定的疗效。没有完全成熟的刀豆可以用作蔬菜，完全成熟的刀豆可以用来做大豆酱。制作酵素时，要使用没有完全成熟的嫩刀豆。

KBS TV《想问就问》中介绍换季时期的补药刀豆酵素

由于刀豆容易栽培，所以是人们饭桌上的常客。去年春天的时候，我也在农场里种了一些刀豆。刀豆即使是在严重的干旱气候中，也依然能够发芽生长。我心想，只要按照这个势头长下去的话，过不了多久就可以做刀豆酵素了，于是我的心里充满了期待。

但是，有一天，我去农场里察看的时候，发现原本密密麻麻的刀豆全都消失不见了，只剩下孤零零的一些没有成熟的刀豆株了。好像是有人把刀豆全都偷走了。在缺少雨水的时候，我不辞辛苦地来浇水，只盼望着能早日收获，看到空空的刀豆株，我的心里非常气愤。竟然不是摘几个，而是全都摘走了，我心想真是个没有良心的小偷。

没过多久我就把这件事情忘了，过了一段时间，我再去农场的时候，竟然发现那些没有被偷走的小刀豆现在已经长大了。原来还是给我留下了一丝希望啊。

我小心翼翼地把剩下的刀豆摘下来带回了家里，更加用心地制作起刀豆酵素。曾经的一点点希望现在反而变得更加明朗起来。在中国和日本，刀豆是换季的时候饭桌上常见的蔬菜。此外，据说刀豆还可以提高肾脏机能，是非常好的保健蔬菜。

制作刀豆酵素

Step 1 **购买主要材料（刀豆800g）**

可以亲自在田地里栽种，也可以在刀豆成熟的季节，去市场或超市里购买。刀豆是在9—10月收获，一定要挑选还没有完全成熟的嫩刀豆。

Step 2 **加工主材料**

挑选新鲜的刀豆，放在清水中浸泡10分钟，然后洗干净。把洗干净的刀豆放在箩筐里去除水分，然后切成适当的大小。

Step 3 **准备砂糖（白砂糖800g，主要材料：白砂糖的比例是1 ： 1）**

清除表面的水分后，称量刀豆的重量，然后准备相等重量的白砂糖。

Step 4 **腌制**

把刀豆和60%的白砂糖均匀地混合起来，然后装在容器里。用力压实刀豆，使主材料和砂糖更好地混合，这样一来，发酵也能进行得更加顺畅。装好后，将剩余的40%的砂糖全部都倒入容器里。

Step 5 **密封容器口，并且贴上标签**

如果是带有螺纹式盖子的容器，就先用力拧紧盖子，再稍微往回拧一点。如果没有螺纹式的盖子，就用布块或者是高丽纸将容器口密封，然后再用绳子绑紧。将主材料的名字、腌制的日期和材料的功效等内容全部都记录到标签上，然后贴在容器上。

Step 6 **初期管理（15日）**

当材料上方覆盖的砂糖溶化了一半左右后，每天都需要上下晃动容器，使底部的砂糖也能更好地溶化。这个过程要一直进行到所有的砂糖全部都溶化为止，大概需要15天。

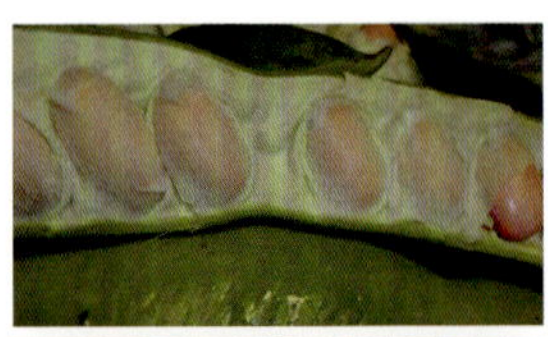

挑选皮薄、干净、有光泽的刀豆做材料。豆子大小适当、椭圆形的比较好。

如果担心会出现腐烂等现象的话，可以增加10%左右的砂糖量。

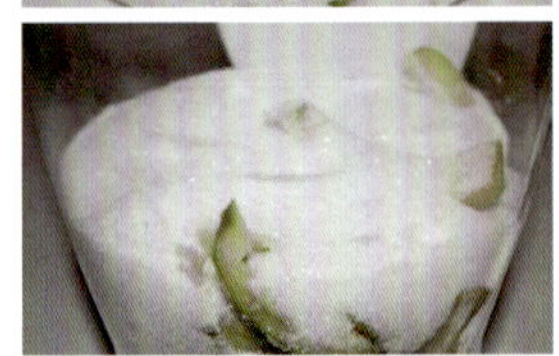

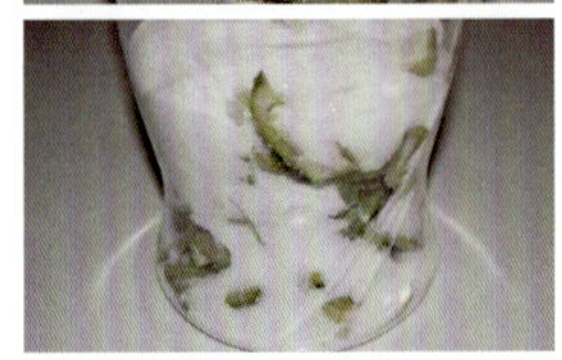

注意不要使用完全密封的容器。

进行初期管理的时候，用干净的木制或者塑料制的大勺子进行搅拌。

注意不要让水和异物进入发酵液中，因为水和异物在日后会引发腐烂现象。

请不要使用超过50℃的热水进行冲泡。

发酵第一阶段（6个月） 7 step

把容器放在室内阴凉处，避免被阳光直射。从腌制的第一天开始，要进行长达180天的发酵过程，在这期间，要保持主材料完全浸没在发酵液里，这是非常关键的。只有这样，才能防止发霉和腐烂现象的出现，所以要适当地摁压主材料，使其完全浸泡在发酵液中，如果无法摁压的话，那么在整个发酵过程结束之前，至少一周要搅拌一次。

过滤 8 step

发酵第一阶段结束后，用过滤网对发酵液进行过滤，将过滤后的发酵液放入另一个容器中。过滤后剩下的固体成分可以用来制作刀豆酵素醋、刀豆酵素酒等。

发酵第二阶段和熟成（6个月） 9 step

将过滤后的刀豆发酵液装入其他容器中，进入长达6个月的二次发酵和熟成过程。每周至少要观察一次，看看是否有发霉等现象出现。

保管和饮用 10 step

在室温下进行保管，但是要避开阳光直射的环境和热气。饮用时，酵素发酵液和饮用水的比例可以是1 ： 3，也可以根据个人的喜好进行调整。如果熟成的过程已经结束了，但是想停止发酵维持原味的话，就需要冷藏。

一道食谱 RECIPE

在换季的时候，刀豆对身体健康非常有益。韩国民间认为刀豆对治疗鼻炎具有非常显著的疗效，所以用刀豆酵素制作成茶饮用，疗效非常好。

桔梗酵素

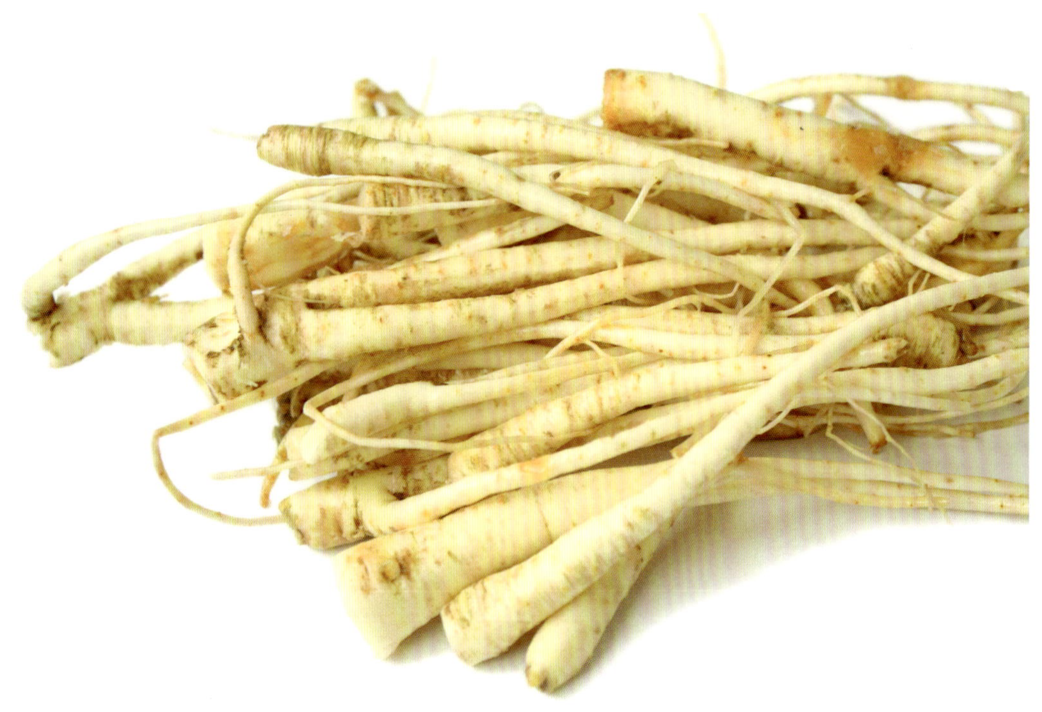

桔梗主要分布在韩国、中国和日本等地，属于桔梗科多年生草本植物，夏天的时候会开出白色和淡紫色的花，根部可以食用。桔梗在山地和平原都可以生长。桔梗的根很粗，茎非常直，切开后会有白色的汁液流出。桔梗的植株一般可以长到10~100cm长。

桔梗中含有皂甙，就像人参一样，是一种对身体非常有益的健康食品。不仅可以恢复身体的元气，还可以止咳，尤其适合有气喘等疾病的老年人食用。桔梗酵素是秋冬换季时期和寒冬里非常受欢迎的健康食品。

CJ TV《金媛熙的对手》节目中介绍适合换季时期饮用的桔梗酵素

我和桔梗的缘分始于我跟妻子结婚的时候。妻子的老家在全罗北道镇安郡马耳山附近。我们两个人决定要结婚后，我第一次来到了位于镇安郡深山中的岳母家。向岳父岳母行完礼之后，我就在房间里坐了下来，透过后门，我看到了一种漂亮的花，我的视线总是被吸引过去。当时，我是第一次看到那种白色和紫色的小花，既觉得神奇，又觉得好奇，所以最终还是跟妻子一起走到外面观察起来。我发现它的花朵并不是很大，但是整株植物却长得很高，真是一种奇怪的植物啊。妻子看到我好奇的样子后哈哈大笑起来。

“这是桔梗花，看来你是第一次见啊，这些有的已经长了1年，有的已经长了2年了，甚至有些已经长了10年呢。”

虽然我也是在农村长大的，但却是第一次见到桔梗花。岳母把在地里长了10年的桔梗挖了出来，说是让我尝一尝。它们向四面八方伸展着的根真的非常粗壮。我把桔梗的外皮剥掉之后，蘸了点辣椒酱放到了嘴里，从舌尖传来的甜味和淡淡的苦味给我留下了非常深刻的印象。跟妻子结婚之后，每当怀念那种味道的时候，我都会去岳母家挖一些桔梗吃。身体不好的岳母搬到内弟家之后，那个味道就留在了我的记忆里……

制作桔梗酵素

step 1 **购买主要材料（桔梗800g）**

可以直接在周末农场等地栽种，如果条件不允许的话，可以去市场或者超市里购买。购买时，要选择注有有机标志的产品。

step 2 **加工主材料**

挑选新鲜的桔梗，放在清水中浸泡10分钟后洗干净。把桔梗上面的水分去掉，然后切成适当大小的斜片备用。

step 3 **准备砂糖**（白砂糖800g，主要材料：白砂糖的比例是1 ： 1）

称一下准备好的桔梗的重量，然后准备相等重量的白砂糖。

step 4 **腌制**

把切好的桔梗和60%的白砂糖均匀地混合起来，然后装在容器里。用力压实桔梗，使主材料和砂糖更好地混合，这样一来，发酵也能进行得更加顺畅。装好之后，将剩余的40%的砂糖全部都倒入容器里。

step 5 **密封容器口，并且贴上标签**

如果是带有螺纹式盖子的容器，就先用力拧紧盖子，再稍微往回拧一点。如果没有螺纹式的盖子，就用布块或者是高丽纸将容器口密封，然后再用绳子绑紧。

将主材料的名字、腌制的日期和材料的功效等内容全部都记录到标签上，然后贴在容器上。

step 6 **初期管理（15日）**

当材料上方覆盖的砂糖溶化了一半左右后，每天都需要上下晃动容器，使底部的砂糖也能更好地溶化。这个过程要一直进行到所有的砂糖全部都溶化为止，大概需要15天。

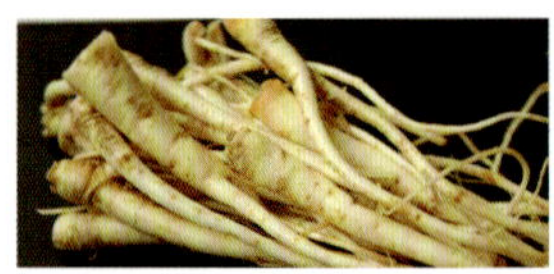

挑选看上去很湿润、新鲜的桔梗。选用的桔梗越新鲜，制作出来的发酵液就越多，酵素的味道也会越好。

清洗的时候不要使用醋，洗完之后放在阴凉通风处晾干。

如果担心出现腐烂等现象，可以增加10%左右的砂糖量。

因为桔梗中的水分比较少，也有人往里面添加搅碎的梨或者糖浆等。但是，为了维持桔梗的纯度，最好还是不要添加其他东西。

注意不要使用完全密封的容器，进行初期管理的时候，用干净的木制或者塑料制的大勺子进行搅拌。

进行初期管理的时候，一定要注意不要让发酵液中出现霉菌等。注意不要让水和异物进入发酵液中，因为水和异物在日后会引发腐烂现象。

请不要使用超过50℃的热水进行冲泡。

发酵第一阶段（6个月） 7 step

把容器放在室内阴凉处，避免被阳光直射。从腌制的第一天开始，要进行长达180天的发酵过程，在这期间，要保持主材料完全浸没在发酵液里，这是非常关键的。只有这样，才能防止发霉和腐烂现象的出现，所以要适当地摁压主材料，使其完全浸泡在发酵液中，如果无法摁压的话，那么在整个发酵过程结束之前，至少一周要搅拌一次。

过滤 8 step

发酵第一阶段结束后，用过滤网对发酵液进行过滤，将过滤后的发酵液放入另一个容器中。过滤后剩下的固体成分可以用来制作桔梗酵素酱菜、桔梗酵素茶和桔梗酵素酒等，也可以在喝牛奶或者是酸奶的时候添加一些，味道会更好。

发酵第二阶段和熟成（6个月） 9 step

将过滤后的桔梗发酵液装入其他容器中，进入长达6个月的二次发酵和熟成过程。每周至少要观察一次，看看是否有发霉等现象出现。

保管和饮用 10 step

在室温下进行保管，但是要避开阳光直射的环境和热气。饮用时，酵素发酵液和饮用水的比例可以是1 ∶ 3，也可以根据个人的喜好进行调整。如果熟成的过程已经结束了，但是想停止发酵维持原味的话，就需要冷藏。

一道食谱 RECIPE

用鱿鱼、鳐鱼等鱼类制作醋拌菜的时候，可以添加一些桔梗酵素，味道会变得很纯净。

有着奇妙口感的酵素至尊

五味子酵素

五味子是多年生阔叶藤本植物五味子树的果实，果肉为鲜红色，外形就像豆子一样圆圆的。由于五味子同时具备了酸、甜、苦、辣、咸五种味道，所以才有了这样一个名字。五味子的主要成分有戈米辛、五味子素等，可以让人的肾脏更强健，而且还可以降低血压。此外，五味子还能够强化免疫力，所以经常被用作强身健体的良药。在味道、香味和药效等方面，五味子酵素都堪称是酵素中的至尊。

KBS TV《生老病死的秘密》中介绍可以有效缓解疲劳的五味子酵素

提到五味子，就会让我想起几年前的秋天，我在旅途中与它初遇的情景。那年我们一行人结束了在店村的工作后，去闻庆泡了泡温泉。在温泉主人的推荐下，我们又去参观了附近的五味子农场。下午5点左右的时候，我们到了目的地，跟我们年纪相仿的农场主走出来热情地迎接了我们。我们在农场主的带领下走向了种植五味子树的地方。走进去的瞬间，我们被眼前的美景震撼了。密密麻麻的红色果实挂满了枝桠，在即将落山的夕阳的照耀下，全都闪着耀眼的光芒，微风吹来的时候，所有的五味子就像是在跳舞一样，轻轻地随风摇曳，这一切让人深深地陷入了五味子的魅力中。太阳渐渐落山了，热情的农场主为我们准备好了晚餐。饭桌上理所当然地出现了五味子泡的酒。五味子酒的香味让我们度过了一个令人陶醉的晚上。

我一口气买了10 kg的五味子带回了家，精心地制作了五味子酵素。听说大部分制作五味子提取物的农场都会在50天发酵期后再进行过滤，只有这样，才能得到最好味道的酵素。于是，我把发酵时间延长了。最后制作出来的酵素味道非常好，真的就像在闻庆鸟岭的农场里第一次见到五味子的时候一样。

制作五味子酵素

Step 1 购买主要材料

在网络上搜索一下，就会找到很多栽培五味子的农场。当然，也可以在五味子成熟的季节，去市场或者超市里购买。

Step 2 加工主材料

在农场里销售的五味子大部分都是洗过的，所以在购买制作酵素用的五味子之前，一定要问清楚到底有没有洗过。如果是已经清洗过的五味子的话，只需要把里面的杂物挑出来就可以了。

Step 3 准备砂糖（白砂糖800g，主要材料：白砂糖的比例是1 ∶ 1）

称一下准备好的五味子的重量，然后准备相等重量的白砂糖。如果是第一次制作酵素，担心出现变质问题的话，可以多添加10%的白砂糖。

Step 4 腌制

将五味子和60%的白砂糖以交叠的形式层层放入容器里面。用力压实五味子，使主材料和砂糖更好地混合，这样一来，发酵也能进行得更加顺畅。装好之后，将剩余的40%的砂糖全部都倒入容器里。

Step 5 密封容器口，并且贴上标签

如果是带有螺纹式盖子的容器，就先用力拧紧盖子，再稍微往回拧一点。如果没有螺纹式的盖子，就用布块或者是高丽纸将容器口密封，然后再用绳子绑紧。将主材料的名字、腌制的日期和材料的功效等内容全部都记录到标签上，然后贴在容器上。

Step 6 初期管理（15日）

当材料上方覆盖的砂糖溶化了一半左右后，每天都需要上下晃动容器，使底部的砂糖也能更好地溶化。这个过程要一直进行到所有的砂糖全部都溶化为止，大概需要15天。

挑选果肉多、黏液多、散发着独特气味、表面没有白色粉末的五味子。

如果购买的是已经清洗过的五味子，只需要挑选出里面的沙子等杂物就可以了，但是，如果是没有清洗过，在清洗的时候一定要注意不要把五味子弄破，洗干净后还要把水分清除干净，只有这样，才会防止腐烂现象的出现。

填满容器的80%即可，注意不要使用完全密封的容器。进行初期管理的时候，用干净的木制或者塑料制的大勺子进行搅拌。

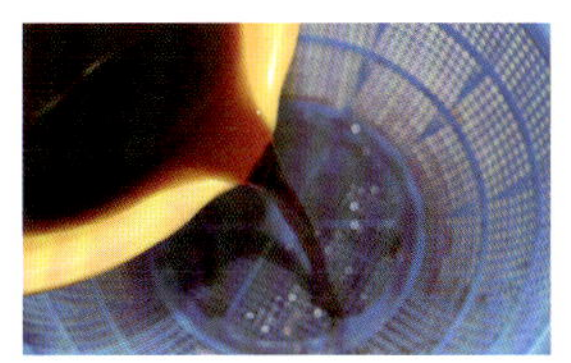

注意不要让水和异物进入发酵液中，因为水和异物在日后会引发腐烂现象。

请不要使用超过50℃的热水进行冲泡。

发酵第一阶段（6个月）

把容器放在室内阴凉处，避免被阳光直射。从腌制的第一天开始，要进行长达180天的发酵过程，在这期间，要保持主材料完全浸没在发酵液里，这是非常关键的。只有这样，才能防止发霉和腐烂现象的出现，所以要适当地摁压主材料，使其完全浸泡在发酵液中，如果无法摁压的话，那么在整个发酵过程结束之前，至少一周要搅拌一次。

过滤

8 step

发酵第一阶段结束后，用过滤网对发酵液进行过滤，将过滤后的发酵液放入另一个容器中。过滤后剩下的固体成分可以用来制作五味子酵素酱菜、五味子酵素茶和五味子酵素酒等。

发酵第二阶段和熟成（6个月）

将过滤后的五味子发酵液装入其他容器中，进入长达6个月的二次发酵和熟成过程。每周至少要观察一次，看看是否有发霉等现象出现。

保管和饮用

在室温下进行保管，但是要避开阳光直射的环境和热气。饮用时，酵素发酵液和饮用水的比例可以是1 ∶ 3，也可以根据个人的喜好进行调整。如果熟成的过程已经结束了，但是想停止发酵维持原味的话，就需要冷藏。

一道食谱 RECIPE

可以在坚果类和原味的酸牛奶中添加一定量的五味子酵素制作成沙拉酱，味道非常好。五味子酵素和萝卜放在一起也非常搭配，所以在做萝卜干凉拌菜的时候，可以添加一些五味子酵素，口感会更好。

改善骨质疏松症状

辣椒叶酵素

以前，人们经常会把应季的蔬菜晒干储存起来，想吃的时候，随时都可以拿出来吃，补充维生素和矿物质。在下霜之前，人们会把辣椒叶晒干，在冬天的时候就可以做成小菜和酱菜食用。辣椒叶里富含维生素A，不仅可以让皮肤变得更好，而且还能增强人们对病原菌的抵抗能力。我们既可以把辣椒叶煮了拌着吃，也可以晒干做成小菜吃。

把洗干净的辣椒叶放进烧开的水中焯一下，然后放在凉水里泡一下，把辣椒叶里面的水分挤出来后，放在阴凉通风处晾干，在晾干的过程中要经常翻动。晒干后保管起来，一年四季都可以吃到，跟萝卜干拌在一起的话，味道真是让人惊叹。

SBS TV《Morning Wide》中介绍对老弱者的身体健康非常有好处的辣椒叶酵素

每到周末的时候，我的一个朋友就会去江原道华川郡照看自己的农场。每个月他都要来回奔波三四次，每次的路程超过150公里。

“你真是太厉害了，每次都要奔波那么远的路去管理农场，我一定好好享用你送给我的这些蔬菜。”每次从他那里收到珍贵的有机农作物的时候，我都会习惯性地说这样的话。

有一天，快要下班的时候，他给我打了一个电话。他说在我单位附近，要见我一面。我已经好久没见到他了，立刻高兴地答应了。他看到我之后，递给我一个鼓鼓的塑料袋，里面是辣椒叶：“辣椒已经收获得差不多了，我没来得及帮你收拾，但是，这是不含任何农药的，你可以放心吃。”

我回到家后，把这一袋子辣椒叶交给了妻子。虽然妻子嘴上嘟囔着说又要辛苦了，但是心里却是不知道该怎么感谢总是照顾我们的农场主。妻子把其中一部分辣椒叶拿到了她的幼儿园里给孩子们做了小菜，我则用剩下的一部分做了酵素。辣椒叶酵素中富含钙，对处于成长期的青少年和骨密度急需改善的中年女性的健康非常有益。

制作辣椒叶酵素

Step 1 **购买主要材料**

在网上搜索一下，就会发现很多销售无公害辣椒叶的农场。买回家后，最好立即就做成酵素。虽然市场和超市里也有，但是直接在周末农场中栽种会更好。

Step 2 **加工主材料**

放在清水中浸泡10分钟后洗干净。把辣椒叶上的水分清除干净。

Step 3 **准备砂糖**（白砂糖800g，主要材料：白砂糖的比例是1 ：1）

称一下准备好的辣椒叶的重量，然后准备相等重量的白砂糖。

Step 4 **腌制**

把辣椒叶和60%的白砂糖均匀地搅拌在一起，然后装入容器中。用力压实辣椒叶，使主材料和砂糖更好地混合，这样一来，发酵能进行得更加顺畅。装好后，将剩余的40%的砂糖全部都倒入容器里。

Step 5 **密封容器口，并且贴上标签**

如果是带有螺纹式盖子的容器，就先用力拧紧盖子，再稍微往回拧一点。如果没有螺纹式的盖子，就用布块或者是高丽纸将容器口密封，然后再用绳子绑紧。将主材料的名字、腌制的日期和材料的功效等内容全部都记录到标签上，然后贴在容器上。

Step 6 **初期管理（15日）**

当材料上方覆盖的砂糖溶化了一半左右后，每天都需要上下晃动容器，使底部的砂糖也能更好地溶化。这个过程要一直进行到所有的砂糖全部都溶化为止，大概需要15天。

Step 7 **发酵第一阶段（6个月）**

把容器放在室内阴凉处，避免被阳光直射。从腌制的第一天开始，要进行长达180天的发酵过程，在这期间，要保持主材料完全浸没在发酵液里，这是非常关键的。只有这样，才能防止发霉和腐烂现象的出现，所以要适当地摁压主材料，使其完全浸泡在发酵液中，如果无法摁压的话，那么在整个发酵过程结束之前，至少一周要搅拌一次。

清洗的时候不要使用醋，洗干净之后放在阴凉通风处晾干。

如果担心会出现腐烂等现象的话，可以增加10%左右的砂糖量。

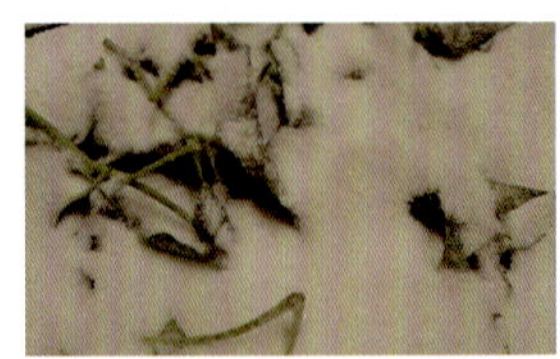

填满容器的80%即可，注意不要使用完全密封的容器。用木制或者是塑料制的勺子搅拌均匀，进行初期发酵的时候，发酵液可能会溢出容器，所以一定要注意。

注意不要让水和异物进入发酵液中，因为水和异物在日后会引发腐烂现象。

请不要使用超过50℃的热水进行冲泡。

过滤 8 step

发酵第一阶段结束后，用过滤网对发酵液进行过滤，将过滤后的发酵液放入另一个容器中。过滤后剩下的固体成分可以用来制作辣椒叶酵素醋、辣椒叶酵素酱菜等。

发酵第二阶段和熟成（6个月） 9 step

将过滤后的辣椒叶发酵液装入其他容器中，进入长达6个月的二次发酵和熟成过程。每周至少要观察一次，看看是否有发霉等现象出现。

保管和饮用 10 step

在室温下进行保管，但是要避开阳光直射的环境和热气。饮用时，酵素发酵液和饮用水的比例可以是1 ∶ 3，也可以根据个人的喜好进行调整。如果熟成的过程已经结束了，但是想停止发酵维持原味的话，就需要冷藏。

一道食谱 RECIPE

可以在烤肉酱中加入一些辣椒叶酵素，烤肉酱里会充满辣椒的香味，味道会更好。

每天一杯，胜过最贵的保健品

苹果酵素

俗话说“每天一苹果，医生远离我”，苹果中富含各种各样的维生素和营养素，此外，苹果还可以提高人体免疫力、预防各种疾病，可以说是一种对人体非常有益的水果。苹果对大肠炎具有显著疗效，因为苹果中含有的果胶可以有效地清除我们体内的活性氧，同时还可以有效地促进排泄。

苹果中含有的水溶性膳食纤维果胶还可以提高胃液的黏度，把恶性的胆固醇排出体外，抑制急性血压升高，酚醛酸可以弱化体内的不安定活性氧，预防中风。此外，苹果中的槲皮素还可以强化肺功能，保护肺部免受烟气和污染物质的损害。苹果的果肉能够有效地维护牙龈健康，苹果酸还可以有效地减轻肩部酸痛。用苹果制作的醋是非常有利于减肥的饮料。

 KBS TV《生老病死的秘密》中介绍适合在早晨喝的苹果酵素

新年伊始，我收到了一个意料之外的快递。在非常漂亮的箱子里放着几罐苹果汁和一张小纸条。打开纸条后，我发现上面写着“非常感谢您这段时间以来的照顾”——是一封来自闻庆的信。

我曾经为一些想做苹果酵素的人介绍了一个位于闻庆的农场。每当朋友从那个农场里买苹果时，我也会订一箱，因为那个农场里的苹果真的非常好。果肉脆嫩多汁，色泽光鲜亮丽，就像是刚从树上摘下来的一样。咬一口之后，满嘴都是酸酸甜甜的味道，会让你觉得原来这才是苹果真正的味道。有机苹果的味道真的不一样，因为这是在非常干净的环境里主人用真诚栽培出来的果实，根本就不用削皮，简单洗一洗就可以直接吃了。

在制作酵素的时候，并不是只有那些生长在深山老林里的山野菜才是最好的材料。农民们用真诚培育出来的有机农产品也是非常优秀的材料。经常买一些这样的产品的话，不仅可以回报那些在艰苦条件下依然坚持培育有机农作物的农民们，而且，只有多用有机栽培方法培育作物，我们的土地才会更加健康。

制作苹果酵素

step 1 购买主要材料（苹果800g）

在市场或者超市里很容易就能买到新鲜的苹果。尽量挑选有机产品，果皮非常有弹性的苹果是比较好的材料。

step 2 加工主材料

挑选新鲜的苹果，放在清水中浸泡10分钟，然后清洗干净。把苹果切开的话，能获取更多的酵素溶液。

虽然不用削皮，但是一定要把种子清除干净。如果不把种子清除干净的话，在制作酵素的时候会产生毒性。如果喝了这样的酵素，可能会吸收一些对身体有害的成分。

step 3 准备砂糖（白砂糖800g，主要材料：白砂糖的比例是1 ： 1）

称一下准备好的苹果的重量，然后准备相等重量的白砂糖。

step 4 腌制

因为苹果中含有大量的水分，所以白砂糖很快就会溶化。可以把苹果和白砂糖一层层放在容器里，也可以把苹果和60%的白砂糖混合均匀之后再装入容器里。装好后，把剩余的40%的白砂糖洒在上面。

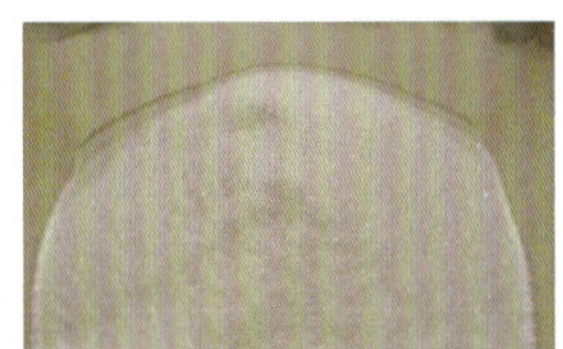

如果担心出现腐烂等现象，可以增加10%左右的砂糖量。

step 5 密封容器口，并且贴上标签

如果是带有螺纹式盖子的容器，就先用力拧紧盖子，再稍微往回拧一点。如果没有螺纹式的盖子，就用布块或者是高丽纸将容器口密封，然后再用绳子绑紧。将主材料的名字、腌制的日期和材料的功效等内容全部都记录到标签上，然后贴在容器上。

填满容器的80%即可，注意不要使用完全密封的容器。

进行初期管理的时候，用干净的木制或者塑料制的大勺子进行搅拌。

step 6 初期管理（15日）

当材料上方覆盖的砂糖溶化了一半左右后，每天都需要上下晃动容器，使底部的砂糖也能更好地溶化。这个过程要一直进行到所有的砂糖全部都溶化为止，大概需要15天。初期管理决定酵素味道的好坏。如果发酵容器中的酵素溶液可以把苹果淹没的话，要用沉重的东西把苹果压住，使其完全浸入发酵液中。

发酵第一阶段（6个月） 7 step

把容器放在室内阴凉处，避免被阳光直射。从腌制的第一天开始，要进行长达180天的发酵过程，在这期间，要保持主材料完全浸没在发酵液里，这是非常关键的。只有这样，才能防止发霉和腐烂现象的出现，所以要适当地摁压主材料，使其完全浸泡在发酵液中，如果无法摁压的话，那么在整个发酵过程结束之前，至少一周要搅拌一次。

注意不要让水和异物进入发酵液中，因为水和异物在日后会引发腐烂现象。

过滤 8 step

发酵第一阶段结束后，用过滤网对发酵液进行过滤，将过滤后的发酵液放入另一个容器中。过滤后剩下的固体成分可以用来制作苹果酵素醋、苹果酵素酒和苹果酵素果酱等，也可以在喝牛奶或者酸奶的时候添加一些苹果酵素，味道会更好。

发酵第二阶段和熟成（6个月） 9 step

将过滤后的苹果发酵液装入其他容器中，进入长达6个月的二次发酵和熟成过程。每周至少要观察一次，看看是否有发霉等现象出现。

请不要使用超过50℃的热水进行冲泡。

保管和饮用 10 step

在室温下进行保管，但是要避开阳光直射的环境和热气。饮用时，酵素发酵液和饮用水的比例可以是1 ： 3，也可以根据个人的喜好进行调整。如果熟成的过程已经结束了，但是想停止发酵维持原味的话，就需要冷藏。

一道食谱 RECIPE

把散发着清爽香气的苹果酵素、坚果类和酸奶混合在一起，就可以制作出最好的沙拉酱。

梨酵素

梨是3000多年前就开始栽培的一种水果，包括西洋梨、中国梨和沙梨等很多种，外形和味道各不相同。西洋梨主要产于美国、欧洲、智利和澳大利亚等地，中国梨的主要产地是中国，沙梨的主要产地则是韩国和日本等地。古希腊的历史学家荷马曾经迷上了梨所独有的清爽、甜美的味道，说梨是“神的礼物”。梨的水分为85%~88%，热量大约为50卡。梨是碱性食品，主要成分是碳水化合物，果糖和蔗糖的含量为10%~13%，此外，梨还富含苹果酸和酒石酸等有机酸，以及维生素B、维生素C、纤维素和脂肪等。梨具有润肺的功效，因此常被用来治疗感冒、咳嗽和气喘等，另外梨还可以帮助排便，具有显著的利尿作用。梨还具有解毒的作用，可以消除宿醉对身体带来的危害。

KBS TV《想问就问》中介绍可以预防换季感冒的梨酵素

有一次，我路过京畿道安城的国道边时，看到路边有一个小饭店，于是就决定在那里解决午餐。饭店仅有五平方米左右，可以说是一个又小又简陋的地方。饭店的主人是一个年过七十的老奶奶，可选的菜只有炖鲭鱼和辣炒猪肉两种，遗憾的是，那一天能做的只有炖鲭鱼。虽然这让我不是很高兴，但是没有办法，我还是找了个位置坐了下来。我点的菜很快就上来了，原本我还对菜的味道有些担心，但是事实证明我是瞎担心，老奶奶做的菜真的很好吃。我美美地吃完午饭之后，满足地站起身准备离开，就在这时，老奶奶说让我喝杯茶再走，然后递给了我一个塑料瓶。

"这是梨酵素，炉子上已经烧开水了，你可以按照自己的口味冲水喝。"

这让我一下子有种他乡遇故知的感觉，令我心里高兴极了。我在水里添加了一些梨酵素，尝了一口，香甜中掺杂着一丝酸味，真的非常适合我的口味。我问了一下老奶奶做酵素时使用的砂糖种类和比例，老奶奶说是用白砂糖按照1∶1的比例制作而成的。

为了回报老奶奶做的好吃的菜，又让我尝到了这么好喝的梨酵素，我从车里拿了一瓶桃子酵素送给她。我结完账要走的时候，老奶奶又递给了我一个黑色的塑料袋，说是让我在路上吃。打开袋子后，我发现里面是两个梨，心里一下子变得暖洋洋的。

制作梨酵素

Step 1 购买主要材料（梨800g）

在梨成熟的季节，在市场或超市里很容易就可以买到。购买的时候，要挑选有机农产品，只有用又甜又清爽的梨做材料，制作出来的酵素才会又甜又清爽。最好挑选果皮非常有弹性、没有伤痕、沉甸甸的梨。

Step 2 加工主材料

挑选新鲜的梨，放在清水中浸泡10分钟，然后洗干净。把梨上的水分去除后，切成适当的大小。如果是值得信任的有机农产品的话，果皮也可以一起使用。

清洗的时候不要使用醋，而且要把梨的子房和种子全部清除干净，这样，制作出来的酵素才不会有杂味。

Step 3 准备砂糖（白砂糖800g，主要材料：白砂糖的比例是1 ： 1）

称一下准备好的梨的重量，然后准备相等重量的白砂糖。

Step 4 腌制

把准备好的梨和60%的白砂糖均匀地混合起来，然后装入容器中。用力压实梨，使主材料和砂糖更好地混合，这样一来，发酵能进行得更加顺畅。装好之后，将剩余的40%的砂糖全部都倒入容器里面。

Step 5 密封容器口，并且贴上标签

如果是带有螺纹式盖子的容器，就先用力拧紧盖子，再稍微往回拧一点。如果没有螺纹式的盖子，就用布块或者是高丽纸将容器口密封，然后再用绳子绑紧。将主材料的名字、腌制的日期和材料的功效等内容全部都记录到标签上，然后贴在容器上。

Step 6 初期管理（15日）

当材料上方覆盖的砂糖溶化了一半左右后，每天都需要上下晃动容器，使底部的砂糖也能更好地溶化。这个过程要一直进行到所有的砂糖全部都溶化为止，大概需要15天。春天、秋天进行发酵的时候，放在任何地方都行，但是夏天的时候，则要放在阴凉、通风的地方，冬天的时候，要放在室内进行发酵，这样才能够配合好发酵的最佳温度。

填满容器的80%即可，注意不要使用完全密封的容器。
进行初期管理的时候，用干净的木制或者塑料制的大勺子进行搅拌。

梨是一种很容易就会发酵的材料，所以在发酵过程中一定要特别注意。
注意不要让水和异物进入发酵液中，因为水和异物在日后会引发腐烂现象。

请不要使用超过50℃的热水进行冲泡。

发酵第一阶段（6个月） 7 step

把容器放在室内阴凉处，避免被阳光直射。从腌制的第一天开始，要进行长达180天的发酵过程，在这期间，要保持主材料完全浸没在发酵液里，这是非常关键的。只有这样，才能防止发霉和腐烂现象的出现，所以要适当地摁压主材料，使其完全浸泡在发酵液中，如果无法摁压的话，那么在整个发酵过程结束之前，至少一周要搅拌一次。

过滤 8 step

发酵第一阶段结束后，用过滤网对发酵液进行过滤，将过滤后的发酵液放入另一个容器中。过滤后剩下的固体成分可以用来制作梨酵素醋、梨酵素酒、梨酵素茶和梨酵素果酱等，也可以在喝牛奶或者酸奶的时候添加一些梨酵素，味道会更好。

发酵第二阶段和熟成（6个月） 9 step

将过滤后的梨发酵液装入其他容器中，进入长达6个月的二次发酵和熟成过程。每周至少要观察一次，看看是否有发霉等现象出现。

保管和饮用 10 step

在室温下进行保管，但是要避开阳光直射的环境和热气。饮用时，酵素发酵液和饮用水的比例可以是1 ： 3，也可以根据个人的喜好进行调整。如果熟成的过程已经结束了，但是想停止发酵维持原味的话，就需要冷藏。

一道食谱 RECIPE

在制作排骨和牛肉料理的时候，可以添加一些梨酵素，这样肉质会变得更柔软，味道也会更好。

柿子酵素

柿子树是东亚地区特有的果树，原产地是韩国、中国和日本等国。柿子树非常结实，病虫害很少，属于比较容易栽培的果树，但是耐寒性很差，是一种温带水果，在韩国的中部以北的地区就很难栽培。

柿子的主要成分是糖分，含量为15%~16%，葡萄糖和果糖的含量非常高，当然，甜柿和涩柿还是有些不一样的。现在，韩国国内栽培的甜柿全都是从日本引进的，本地的品种几乎全都是涩柿。涩柿之所以会有一种涩味，就是因为里面含有大量的鞣质。柿子富含维生素，每100g柿子中含有30~50mg维生素C，是橘子的2倍，苹果的6倍。除此之外，柿子里还含有果胶、类胡萝卜素等。

OBS TV《Olive Show》中介绍适合减肥的柿子酵素

中秋节那天，我们在凌晨5点的时候就起床了，带着愉快的心情踏上了返乡的旅程。但是，半道在高速路上堵得严严实实，满心的愉悦很快就烟消云散了。结果我们在高速路上一直徘徊了8个小时。

在老家吃上午饭的时候已经很晚了，吃完饭后，我就开始帮父母修理因为上次的台风而被吹坏的仓库屋顶，修好之后又收拾了后院里被台风吹倒的竹林。正在收拾竹林的时候，我发现院子里的柿子树上结着密密麻麻的诱人的果实，那是告诉人们秋天来了。看到柿子后，我条件反射似的想到，要不要把熟透的柿子摘下来做柿饼呢？或者是做柿子醋、柿子酵素呢？父亲可能看穿了我的想法，淡淡地对我说：“你都摘走吧，我是因为没有力气，所以才没摘下来。”

我看着年老体弱的父亲，一下子鼻子酸酸的。回到家后，我决定把从老家带回来的柿子全都做成酵素。因为只有这样才能更长久地记住父亲那份心意。

制作柿子酵素

step 1 购买主要材料（柿子800g）

在柿子成熟的季节，在市场和超市里很容易就可以买到。最好是挑选有机农产品，顶部越黄、越突出，种子分布就越均匀，味道也就越好。

step 2 加工主材料

挑选新鲜的柿子，放在清水中浸泡10分钟，然后洗干净。清除柿子上的水分后，切成适当的大小。

step 3 准备砂糖（白砂糖800g，主要材料：白砂糖的比例是1 ：1）

称一下准备好的柿子的重量，然后准备相等重量的白砂糖。如果担心出现腐烂等现象，可以增加10%左右的砂糖量。

step 4 腌制

把切好的柿子和60%的白砂糖混合起来，然后装入容器中。用力压实柿子，使主材料和砂糖更好地混合，这样一来，发酵也能进行得更加顺畅。装好后，将剩下的40%的砂糖全部都倒入容器里。

step 5 密封容器口，并且贴上标签

如果是带有螺纹式盖子的容器，就先用力拧紧盖子，再稍微往回拧一点。如果没有螺纹式的盖子，就用布块或者是高丽纸将容器口密封，然后再用绳子绑紧。将主材料的名字、腌制的日期和材料的功效等内容全部都记录到标签上，然后贴在容器上。

step 6 初期管理（15日）

当材料上方覆盖的砂糖溶化了一半左右后，每天都需要上下晃动容器，使底部的砂糖也能更好地溶化。这个过程要一直进行到所有的砂糖全部都溶化为止，大概需要15天。

最好是挑选果皮有光泽、有弹性、圆滑的柿子，颜色越深的柿子越好。
把叶子、果皮等全部放进去制作酵素的话，效果会更好。
清洗的时候不要使用醋，洗干净后放在阴凉通风处晾干。

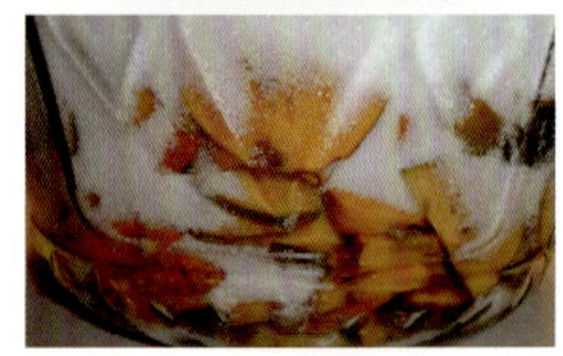

填满容器的80%即可，注意不要使用完全密封的容器。进行初期管理的时候，用干净的木制或者塑料制的大勺子进行搅拌。

注意不要让水和异物进入发酵液中，因为水和异物在日后会引发腐烂现象。

请不要使用超过50℃的热水进行冲泡。

发酵第一阶段（6个月） 7 step

把容器放在室内阴凉处，避免被阳光直射。从腌制的第一天开始，要进行长达180天的发酵过程，在这期间，要保持主材料完全浸没在发酵液里，这是非常关键的。只有这样，才能防止发霉和腐烂现象的出现，所以要适当地摁压主材料，使其完全浸泡在发酵液中，如果无法摁压的话，那么在整个发酵过程结束之前，至少一周要搅拌一次。

过滤 8 step

发酵第一阶段结束后，用过滤网对发酵液进行过滤，将过滤后的发酵液放入另一个容器中。过滤后剩下的固体成分可以用来制作柿子酵素醋、柿子酵素酱菜和柿子酵素果酱等。

发酵第二阶段和熟成（6个月） 9 step

将过滤后的柿子发酵液装入其他容器中，进入长达6个月的二次发酵和熟成过程。每周至少要观察一次，看看是否有发霉等现象出现。

保管和饮用 10 step

在室温下进行保管，但是要避开阳光直射的环境和热气。饮用时，酵素发酵液和饮用水的比例可以是1 ∶ 3，也可以根据个人的喜好进行调整。如果熟成的过程已经结束了，但是想停止发酵维持原味的话，就需要冷藏。

一道食谱 RECIPE

如果在吃煎豆腐的时候，在蘸着的酱汁里添加一些柿子酵素的话，味道会更好。

饱含父爱的秋季补药

老南瓜酵素

所谓的老南瓜，指的就是完全成熟了之后，外表非常坚硬、里面的种子完全成熟了的南瓜。南瓜的果实成熟之后就会变成黄色，果实和嫩芽都可以食用。

天气转凉的时候，老南瓜就成了补充体内维生素的最佳选择。南瓜富含维生素A、B2、C，以及β胡萝卜素等。此外，南瓜的利尿、解毒效果也非常显著，所以，不少产妇生完孩子之后都会炖老南瓜吃。对于恢复期的患者和肠胃敏感的人，以及老人和产妇来说，南瓜真的是补身良药。

KBS TV《想问就问》中介绍秋季补药老南瓜酵素

4年前，母亲因为突发性的血管疾病离开了这个世界。在没有任何心理准备的情况下，我就这样送走了母亲，很长一段时间我都觉得非常心痛。我一直后悔，如果身为子女的我们能够多关心母亲的话，她可能就不会这么突然地离开了。

母亲去世后，父亲一个人在老家生活。伤心的父亲不再去地里干活，就这样过了很长一段时间后，父亲终于整理好了心态，从去年开始，又重新收拾了一小片地，在地里种了大蒜、芝麻、豆子和南瓜等。每次去乡下老家的时候，我们都会厚着脸皮把这些“贵重”的农产品洗劫一空。

去年秋天回老家的时候，父亲像往常一样为我们收拾了很多大蒜和老南瓜。那个时候，不知道为什么总觉得非常心痛，看着父亲满脸的皱纹，我不禁联想到年老的父亲在烈日下劳作的模样。虽然我也已经有了自己的孩子，但是依然没能完全理解想把自己的一切都给子女的心意。

我们用父亲送的有机农南瓜做了粥，一家人都说好吃，我们还把剩下的晒干做成了南瓜干。后来，当然还用其中的一部分制作了酵素。我制作着酵素，心中对父亲的爱充满了感谢。

制作老南瓜酵素

Step 1 购买主要材料（老南瓜800g）

在南瓜收获的季节，在市场或者超市里很容易就可以买到。最好是挑选有机农产品，个大、皮硬、有光泽、黄色的南瓜是最合适的材料。

Step 2 加工主材料

把南瓜放在清水中浸泡10分钟，然后清洗干净。把南瓜上的水分清除干净之后，切成适当的大小。

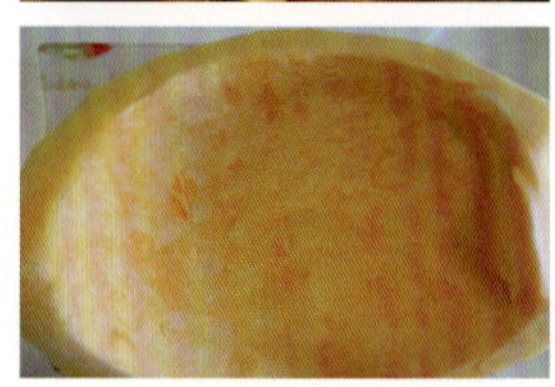

Step 3 准备砂糖（白砂糖800g，主要材料：白砂糖的比例是1：1）

称一下准备好的老南瓜的重量，然后准备相等重量的白砂糖。

Step 4 腌制

把切好的老南瓜和60%的白砂糖均匀地混合起来，然后装入容器里。用力压实老南瓜，使主材料和砂糖更好地混合，这样一来，发酵也能进行得更加顺畅。装好之后，将剩余的40%的砂糖全部都倒入容器里。

清洗的时候不要使用醋，洗干净后放在阴凉通风处晾干。
如果担心出现腐烂等现象，可以增加10%左右的砂糖量。

Step 5 密封容器口，并且贴上标签

如果是带有螺纹式盖子的容器，就先用力拧紧盖子，再稍微往回拧一点。如果没有螺纹式的盖子，就用布块或者是高丽纸将容器口密封，然后再用绳子绑紧。将主材料的名字、腌制的日期和材料的功效等内容全部都记录到标签上，然后贴在容器上。

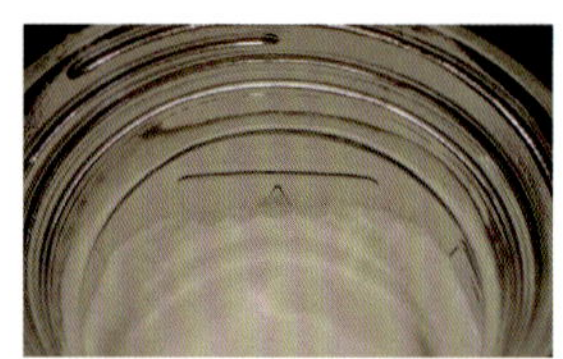

Step 6 初期管理（15日）

7~10天后，上面的白砂糖就会溶化掉。这时候就需要上下晃动容器，使底部的砂糖也能更好地溶化。这个过程要一直进行到所有的砂糖全部都溶化为止，大概需要15天。

填满容器的80%即可，注意不要使用完全密封的容器。
进行初期管理的时候，用干净的木制或者塑料制的大勺子进行搅拌。

因为黏液很多，所以注意不要出现霉菌。
注意不要让水和异物进入发酵液中，因为水和异物在日后会引发腐烂现象。

请不要使用超过50℃的热水进行冲泡。

发酵第一阶段（6个月） 7 step

把容器放在室内阴凉处，避免被阳光直射。从腌制的第一天开始，要进行长达180天的发酵过程，在这期间，要保持主材料完全浸没在发酵液里，这是非常关键的。只有这样，才能防止发霉和腐烂现象的出现，所以要适当地摁压主材料，使其完全浸泡在发酵液中，如果无法摁压的话，那么在整个发酵过程结束之前，至少一周要搅拌一次。

过滤 8 step

发酵第一阶段结束后，用过滤网对发酵液进行过滤，将过滤后的发酵液放入另一个容器中。过滤后剩下的固体成分可以用来制作老南瓜酵素酱菜、老南瓜酵素果酱和老南瓜酵素醋等。

发酵第二阶段和熟成（6个月） 9 step

将过滤后的老南瓜发酵液装入其他容器中，进入长达6个月的二次发酵和熟成过程。每周至少要观察一次，看看是否有发霉等现象出现。

保管和饮用 10 step

在室温下进行保管，但是要避开阳光直射的环境和热气。饮用时，酵素发酵液和饮用水的比例可以是1 ∶ 3，也可以根据个人的喜好进行调整。如果熟成的过程已经结束了，但是想停止发酵维持原味的话，就需要冷藏。

一道食谱 RECIPE

可以在炒猪肉的时候添加一些老南瓜酵素，这样，吃完肉食之后，发涩的感觉将会完全消失不见。

强力杀菌和促进消化的根系食品

生姜酵素

生姜是具有食用、药用价值的根茎类蔬菜，尤其是在腌制泡菜的时候，如果放一些生姜的话，可以非常有效地清除鱼酱的腥味。生姜比其他蔬菜更能抵抗高温，但在缺乏水分的干燥的土地里很难栽培。春天的时候，把准备好的根茎种在地里，经过1个月左右，才能看到嫩芽，也就是说，需要很长时间才能发芽。虽然生姜在热带地区和亚热带地区属于多年生草本植物，但是因为不耐寒，所以在韩国这样的地方每年都要重新栽种。

生姜里的淀粉酶和蛋白酶可以刺激消化液的分泌，促进肠道运动，治疗呕吐、腹泻等疾病。生姜的辣味成分姜辣素和姜烯酚具有强烈的杀菌作用，可以有效地清除体内的各种病原性细菌，尤其是斑疹伤寒菌和霍乱菌。

KBS TV《生老病死的秘密》中介绍适合换季时期饮用的生姜酵素

有一天，我在下班的路上，遇到了一个开着大卡车在路边做生意的大叔，走近一看，他是在卖姜。我高兴地停下车走了过去。卖姜的大叔看上去有50多岁，给我留下的第一印象是非常善良。我非常信任他，于是买了很多生姜带回了家。

但是，不知道为什么，我在准备做酵素的时候，发现大部分姜都已经烂了。我一下子火冒三丈，开着车就去了买姜的地方。但是，不管我怎么找都找不到那个奸商了。我无可奈何地开着车往回走，半路上，我突然看到了对面胡同里停着那辆非常眼熟的大卡车。我立即停下车跑过去跟大叔理论起来。我生气地问他，怎么能够昧着良心把这样的物品卖给别人呢？大叔一直低着头说对不起。

“我这是第一次做这样的生意，由于想无论如何也要挣回本钱来，所以暂时被钱蒙蔽了双眼。真是对不起了，我给你换一些好的。”

虽然我很想让他给我换，但是看到一直低着头道歉的大叔之后，我突然觉得他很可怜。我从他的语气中感觉到了他的真心。我只说了一句“怎么能拿吃的东西骗人呢”，就拿着装姜的袋子回家了。因为我觉得他应该也很痛苦了。

回到家后，我开始重新收拾生姜，其中的一半都要扔掉。经历了如此过程之后制作出来的生姜酵素，好像有一丝苦味，但是其中似乎还有一丝奇妙的甜味。

制作生姜酵素

Step 1 购买主要材料（生姜800g）

可以亲自在周末农场里栽种，也可以在市场或者超市里购买。最好是挑选有机农产品，那些很多块连在一起的生姜比较好。

Step 2 加工主材料

像生姜一样利用球茎制作酵素的时候，有一点要特别注意。必须要把生姜表面上的农药、肥料等清洗干净才行。如果不是有机农产品，制作生姜酵素时就要先把生姜的外皮剥掉才行。把清洗干净后去皮的生姜切成薄片准备好。如果想要制作出来的酵素味道更浓重的话，可以用榨汁机把生姜搅碎之后使用。

Step 3 准备砂糖（白砂糖800g，主要材料：白砂糖的比例是1 ： 1）

称一下准备好的生姜的重量，然后准备相等重量的白砂糖。

Step 4 腌制

把切成片的生姜和60%的白砂糖混合在一起，然后装入容器里，最后，把剩余的白砂糖洒在上面再密封起来，这样就可以防止发酵初期产生霉菌。用力压实生姜，使主材料和砂糖更好地混合，这样一来，发酵能进行得更加顺畅。

Step 5 密封容器口，并且贴上标签

如果是带有螺纹式盖子的容器，就先用力拧紧盖子，再稍微往回拧一点。如果没有螺纹式的盖子，就用布块或者是高丽纸将容器口密封，然后再用绳子绑紧。将主材料的名字、腌制的日期和材料的功效等内容全部都记录到标签上，然后贴在容器上。

Step 6 初期管理（15日）

当材料上方覆盖的砂糖溶化了一半左右后，每天都需要上下晃动容器，使底部的砂糖也能更好地溶化。这个过程要一直进行到所有的砂糖全部都溶化为止，大概需要15天。

挑选坚硬、个大、颜色比较黄的，最好是分叉比较粗、外皮比较好剥而且辣味比较浓重的生姜。
如果担心出现腐烂等现象，可以增加10%左右的砂糖量。

填满容器的80%即可。
进行初期管理的时候，用干净的木制或者塑料制的大勺子进行搅拌。

注意不要让水和异物进入发酵液中，因为水和异物在日后会引发腐烂现象。

请不要使用超过50℃的热水进行冲泡。

发酵第一阶段（6个月） 7 step

把容器放在室内阴凉处，避免被阳光直射。从腌制的第一天开始，要进行长达180天的发酵过程，在这期间，要保持主材料完全浸没在发酵液里，这是非常关键的。只有这样，才能防止发霉和腐烂现象的出现，所以要适当地摁压主材料，使其完全浸泡在发酵液中，如果无法摁压的话，那么在整个发酵过程结束之前，至少一周要搅拌一次。

过滤 8 step

发酵第一阶段结束后，用过滤网对发酵液进行过滤，将过滤后的发酵液放入另一个容器中。过滤后剩下的固体成分可以用来制作生姜酵素茶、生姜酵素酒等。

发酵第二阶段和熟成（6个月） 9 step

将过滤后的生姜发酵液装入其他容器中，进入长达6个月的二次发酵和熟成过程。每周至少要观察一次，看看是否有发霉等现象出现。

保管和饮用 

在室温下进行保管，但是要避开阳光直射的环境和热气。饮用时，酵素发酵液和饮用水的比例可以是1 ： 3，也可以根据个人的喜好进行调整。如果熟成的过程已经结束了，但是想停止发酵维持原味的话，就需要冷藏。

一道食谱 RECIPE

可以把海带肉汤、酱油、清酒、大蒜和生姜酵素混合起来做成生姜酱汁，配合着肉食或者是鱼类一起食用的话，会别有一番风味。

属于更年期女性的酵素

石榴酵素

石榴是石榴树上结出来的果实，浅黄色坚硬的外皮包裹着红红的果肉，果肉里面有很多石榴籽。石榴的果肉有一股酸酸甜甜的味道，果皮可以入药。石榴的原产地是西亚和印度西北部地区，据推测，石榴是在高丽时期从中国传入韩国的。

石榴的主要成分是糖分，约占40%左右，此外还有让石榴散发出酸味的有机酸——柠檬酸，约占1.5%。石榴的果皮中含有单宁，石榴籽中含有可以有效缓解更年期症状的天然植物性雌激素。此外，因为石榴含有挥发性的生物碱，可以驱赶体内的寄生虫，尤其是绦虫。

KBS TV《生老病死的秘密》中介绍对女性健康非常有益的石榴酵素

小时候，邻居家的院子里有一棵石榴树。到了秋天石榴成熟的时候，邻居家的老奶奶总是会给我们送几个过来。石榴成熟后，果皮就会裂开，露出红色的果肉。光是想一想就让人直流口水。

去年秋天，我去全州的朋友家玩，发现他家院子里也有一棵石榴树。我盯着熟透了的红色石榴看了很长时间。朋友可能是猜透了我的心思，过了一会儿，他把自己酿造的石榴酒拿了出来。朋友把石榴酒倒在了白色的陶瓷杯里，颜色真的是太好看了。我们完全陷入了石榴酒的魅力中，不知不觉天就黑了。最后，朋友说让我喝一杯茶之后再走，然后他拿出放了3年的石榴酵素。可能是因为发酵的时间太长了，我甚至品尝到了浓重的岁月的味道。那一天，我在朋友家里住了一夜，第二天回家的时候，朋友递给我一篮子石榴。我带回家之后，立即做成了酒和酵素。在制作的过程中，我也期待着它们可以像我跟朋友之间的友情一样散发着浓浓的香气。

制作石榴酵素

Step 1 **购买主要材料（石榴800g）**

到了石榴成熟的季节，可以去市场或者超市购买。挑选比较沉重、颜色鲜红、果皮坚硬、伤痕较少的石榴。最好选择有机农产品。

Step 2 **加工主材料**

挑选新鲜的石榴，放在清水中浸泡10分钟后清洗干净。就算是制作酵素时不使用果皮，也要先把石榴清洗干净，然后清除上面的水分。

Step 3 **准备砂糖**（白砂糖800g，主要材料：比砂糖的比例是1：1）

称一下准备好的石榴的重量，然后准备相等重量的白砂糖。

Step 4 **腌制**

把准备好的石榴籽和60%的白砂糖混合起来，然后装入容器中。用力压实石榴，使主材料和砂糖更好地混合，这样一来，发酵也能进行得更加顺畅。装好之后，将剩余的40%的砂糖全部都倒入容器里面。

Step 5 **密封容器口，并且贴上标签**

如果是带有螺纹式盖子的容器，就先用力拧紧盖子，再稍微往回拧一点。如果没有螺纹式的盖子，就用布块或者是高丽纸将容器口密封，然后再用绳子绑紧。将主材料的名字、腌制的日期和材料的功效等内容全部都记录到标签上，然后贴在容器上。

Step 6 **初期管理（15日）**

当材料上方覆盖的砂糖溶化了一半左右后，每天都需要上下晃动容器，使底部的砂糖也能更好地溶化。这个过程要一直进行到所有的砂糖全部都溶化为止，大概需要15天。

在制作水分含量较多的石榴酵素的时候，会有很多砂糖堆积在底部，因为上面的砂糖溶化的速度快，所以进行初期管理的时候，一定要特别注意。而且，这一时期产生霉菌的概率比较大，所以搅拌的频率要比其他酵素高一些。

把石榴的果皮分开，然后把里面的果肉分离出来。虽然果皮也可以用来制作酵素，但是由于石榴果皮中含有发涩的味道，如果跟果肉一起制作酵素的话，会影响酵素的味道。如果使用的是有机农产品的话，可以单独用果皮制作酵素。

如果担心出现腐烂等现象，可以增加10%左右的砂糖量。

填满容器的80%即可，注意不要使用完全密封的容器。

进行初期管理的时候，用干净的木制或者塑料制的大勺子进行搅拌。

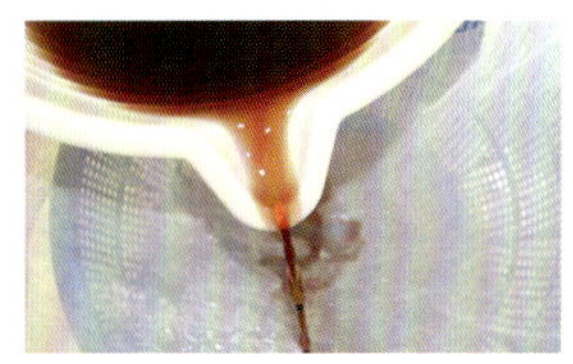

注意不要让水和异物进入发酵液中，因为水和异物在日后会引发腐烂现象。

请不要使用超过50℃的热水进行冲泡。

发酵第一阶段（6个月） 7 step

把容器放在室内阴凉处，避免被阳光直射。从腌制的第一天开始，要进行长达180天的发酵过程，在这期间，要保持主材料完全浸没在发酵液里，这是非常关键的。只有这样，才能防止发霉和腐烂现象的出现，所以要适当地摁压主材料，使其完全浸泡在发酵液中，如果无法摁压的话，那么在整个发酵过程结束之前，至少一周要搅拌一次。

过滤 8 step

发酵第一阶段结束后，用过滤网对发酵液进行过滤，将过滤后的发酵液放入另一个容器中。过滤后剩下的固体成分可以用来制作石榴酵素醋、石榴酵素茶和石榴酵素酒等。

发酵第二阶段和熟成（6个月） 9 step

将过滤后的石榴发酵液装入其他容器中，进入长达6个月的二次发酵和熟成过程。每周至少要观察一次，看看是否有发霉等现象出现。

保管和饮用 10 step

在室温下进行保管，但是要避开阳光直射的环境和热气。饮用时，酵素发酵液和饮用水的比例可以是1 ∶ 3，也可以根据个人的喜好进行调整。如果熟成的过程已经结束了，但是想停止发酵维持原味的话，就需要冷藏。

一道食谱 RECIPE

把水、番茄酱、酱油和石榴酵素混合起来，煮沸之后就会变成美味的牛排酱汁。

恢复元气的一等功臣

人参酵素

人参是韩食的祖先，要比泡菜和米酒的历史还要悠久，人参之所以是韩国的代表性出口产品，就是因为它的显著药效。人参几乎没有毒性，而且，据说可以包治百病。人参中富含皂甙和多糖类等成分，可以保护五脏，还具有安神、明目的效果，长期服用的话，身体会越来越轻松，而且还能延年益寿。实际上，现代医学已经证明了，人参具有促进新陈代谢、安神、降低血糖、降低血压、提高免疫力、抑制癌细胞、恢复元气、防止老化等多种功效。

KBS TV《生老病死的秘密》中介绍可以守护家人健康的人参酵素

可能因为我原本就对酵素情有独钟，连网络博客的昵称都是“酵素”，所以，不知道从什么时候开始，身边的熟人给我起了个“酵素大叔”的外号。有一天，一个在镇安种人参的大哥给我打了个电话。

“酵素大叔，最近还好吧？”

“大哥，我很好，你也一切顺利吧？”

“我今天挖人参了，你这个酵素迷是不是也应该用我的人参做一些人参酵素啊？”

我哭笑不得，自从我制作酵素的一些节目在电视上播出后，我就经常接到许多农场朋友打来的电话，非常热心主动地提供原料给我。看来我制作酵素的能力已经传遍大街小巷了。过了几天，我就收到了大哥寄来的快递。打开箱子之后，立即就能感受到大哥的真诚。人参都被包装得非常仔细，我拆了好长时间才拆开，里面有很多水参和包装好的人参精。我真是受宠若惊，对大哥充满了感激。

我跟妻子一人喝了一包人参精，然后把一部分水参放在了清炖鸡里，配上去年酿的人参酒，可谓是一顿人参大餐啊。我用剩下的一部分水参做成了人参酒和人参酵素。用人参做成的酵素看上去就非常高档奢华，让我觉得非常幸福。我打算在酵素做好之后，送去给镇安的大哥尝一尝。

制作人参酵素

step 1 购买主要材料（人参800g）

在市场或者超市里很容易就能买到。最好是挑选没有褶皱、光滑、沉甸甸的产品。

新鲜人参制作出来的酵素的味道才会更好。

step 2 加工主材料

人参是一种主要食用根部的根茎植物，是一种非常珍贵的药材，在制作酵素之前，一定要把根部清洗干净。如果买到的是刚从地里收获的人参，那么到发酵完成的这段时间里，发酵液会越来越多。只有用流水清洗，才能把根部泥土里包含的农药、肥料和堆肥等成分清洗干净。清除水分后切成薄片。

在清洗人参的时候，一定要先在清水中浸泡10分钟，然后使用小刷子等工具把角落的异物清洗出来。

step 3 准备砂糖（白砂糖800g，主要材料：白砂糖的比例是1 ： 1）

称一下准备好的人参的重量，然后准备相等重量的白砂糖。

step 4 腌制

把切好的人参和60%的白砂糖均匀地混合起来，然后放入容器中。用力压实人参，使主材料和砂糖更好地混合，这样一来，发酵也能进行得更加顺畅。装好之后，将剩余的40%的砂糖全部都倒入容器里面。

如果担心出现腐烂等现象，可以增加10%左右的砂糖量。

填满容器的80%即可，注意不要使用完全密封的容器。

step 5 密封容器口，并且贴上标签

如果是带有螺纹式盖子的容器，就先用力拧紧盖子，再稍微往回拧一点。如果没有螺纹式的盖子，就用布块或者是高丽纸将容器口密封，然后再用绳子绑紧。将主材料的名字、腌制的日期和材料的功效等内容全部都记录到标签上，然后贴在容器上。

step 6 初期管理（15日）

当材料上方覆盖的砂糖溶化了一半左右后，每天都需要上下晃动容器，使底部的砂糖也能更好地溶化。这个过程要一直进行到所有的砂糖全部都溶化为止，大概需要15天。

进行初期管理的时候，用干净的木制或者塑料制的大勺子进行搅拌。

过滤出发酵液之后，可以用剩下的渣滓制作人参茶等。
人参酵素发酵、熟成的时间超过1年，味道才会更好。
注意不要让水和异物进入发酵液中，因为水和异物会成为日后出现腐烂现象的原因。

请不要使用超过50℃的热水进行冲泡。

发酵第一阶段（6个月） 7 step

把容器放在室内阴凉处，避免被阳光直射。从腌制的第一天开始，要进行长达180天的发酵过程，在这期间，要保持主材料完全浸没在发酵液里，这是非常关键的。只有这样，才能防止发霉和腐烂现象的出现，所以要适当地摁压主材料，使其完全浸泡在发酵液中，如果无法摁压的话，那么在整个发酵过程结束之前，至少一周要搅拌一次。

过滤 8 step

发酵第一阶段结束后，用过滤网对发酵液进行过滤，将过滤后的发酵液放入另一个容器中。过滤后剩下的固体成分可以用来制作人参酵素酒、人参酵素茶和人参酵素醋等，也可以在喝牛奶或者酸奶的时候添加一些人参酵素，味道会更好。

发酵第二阶段和熟成（6个月） 9 step

将过滤后的人参发酵液装入其他容器中，进入长达6个月的二次发酵和熟成过程。每周至少要观察一次，看看是否有发霉等现象出现。

保管和饮用 10 step

在室温下进行保管，但是要避开阳光直射的环境和热气。饮用时，酵素发酵液和饮用水的比例可以是1 ∶ 3，也可以根据个人的喜好进行调整。如果熟成的过程已经结束了，但是想停止发酵维持原味的话，就需要冷藏。

一道食谱 RECIPE

在炖猪肉排骨的时候，可以添加一些人参酵素，排骨里夹杂着阵阵人参香气，让人赞不绝口。

能解酒的甜美香气

木瓜酵素

因为长得像挂在树上的甜瓜一样，所以才会被叫做木瓜或者是木果。木瓜会散发出非常强烈的酸味，果实很硬，等到秋天果实成熟的时候，就会变成黄色。可以把木瓜拌上蜂蜜食用，也可以做成水果酒或者是茶。

切成薄片，抹上蜂蜜或者是白砂糖，然后用开水冲泡成木瓜茶，不仅香味浓郁，据说还可以治疗感冒。而且，木瓜里富含有机酸，所以还可以有效地促进新陈代谢，是天然的解酒药。

 SBS TV《Morning Wide》中介绍对治疗感冒非常有效的木瓜酵素

去年晚秋的时候，我为了帮助那些想要学习酵素制作方法的人，在一些果农的邀请下，特意去了一趟忠清南道的论山市。活动结束后，一位栽种木瓜的农场主邀请我去他家住一晚。他的家就在农场里面，房子里面到处都是木瓜酒、木瓜茶和木瓜酵素等用木瓜制作而成的食品。

热情地农场主拿出了自己酿造的木瓜酒，我们一边喝一边畅谈，不知不觉就聊到了凌晨。我感到微微有些醉意的时候，农场主的妻子给我们端来了木瓜茶。当我端起来准备喝一口的时候，我再次沉醉在了木瓜的香气中。可能是因为木瓜中含有解毒成分的原因，即使前一天晚上喝了很多酒，第二天一点儿也不觉得头疼，整个人都非常清醒。就像是前一天晚上喝进肚子里的酒精全都排出体外了一样，真的是一种全新的体验。

我因为木瓜的丑陋外形而震惊，因为木瓜的香气而震惊，因为木瓜的独特口感而震惊，因为木瓜的多种药用而震惊。能够让人震惊四次的水果就是木瓜。《本草纲目》中曾经说过“木瓜可以祛酒毒、化痰、平肝和胃”，对于爱喝酒的人而言，木瓜酵素可以说是最佳伴侣。

制作木瓜酵素

step 1 购买主要材料（木瓜800g）

在市场或者超市里很容易就能买到，也可以在网上搜索专门栽培木瓜的农场。

step 2 加工主材料

把木瓜清洗干净后去除水分，然后用削皮刀把果皮削干净。去除种子，切成薄片备用。

step 3 准备砂糖（白砂糖800g，主要材料：白砂糖的比例是1 ： 1）

称一下准备好的木瓜的重量，然后准备相等重量的白砂糖。

step 4 腌制

把切好的木瓜和60%的白砂糖均匀地混合起来，然后放入容器中。用力压实木瓜，使主材料和砂糖更好地混合，这样一来，发酵也能进行得更加顺畅。装好之后，将剩下的40%的砂糖全部都倒入容器里面。

step 5 密封容器口，并且贴上标签

如果是带有螺纹式盖子的容器，就先用力拧紧盖子，再稍微往回拧一点。如果没有螺纹式的盖子，就用布块或者是高丽纸将容器口密封，然后再用绳子绑紧。将主材料的名字、腌制的日期和材料的功效等内容全部都记录到标签上，然后贴在容器上。

step 6 初期管理（15日）

当材料上方覆盖的砂糖溶化了一半左右后，每天都需要上下晃动容器，使底部的砂糖也能更好地溶化。这个过程要一直进行到所有的砂糖全部都溶化为止，大概需要15天。

step 7 发酵第一阶段（6个月）

把容器放在室内阴凉处，避免被阳光直射。从腌制的第一天开始，要进行长达180天的发酵过程，在这期间，要保持主材料完全浸没在发酵液里，这是非常关键的。只有这样，才能防止发霉和腐烂现象的出现，所以要适当地摁压主材料，使其完全浸泡在发酵液

最好是避开坚硬、酸涩、未成熟的木瓜，也不要挑选完全熟透了的木瓜，软绵绵的果肉不适合做材料。

清洗的时候注意不要使用醋，洗干净之后放在阴凉通风处晾干。

如果担心会出现腐烂等现象的话，可以增加10%左右的砂糖量。

填满容器的80%即可，注意不要使用完全密封的容器。

进行初期管理的时候，用干净的木制或者是塑料制的大勺子进行搅拌。

注意不要让水和异物进入发酵液中，因为水和异物会成为出现腐烂现象的原因。

中，如果无法揿压的话，那么在整个发酵过程结束之前，至少一周要搅拌一次。

过滤 8 step

发酵第一阶段结束后，用过滤网对发酵液进行过滤，将过滤后的发酵液放入另一个容器中。过滤后剩下的固体成分可以用来制作木瓜酵素醋、木瓜酵素酒和木瓜酵素茶等。

过滤的时候，会得到很少的木瓜发酵液，果肉应该最大限度地进行利用。

发酵第二阶段和熟成（6个月） 9 step

将过滤后的木瓜发酵液装入其他容器中，进入长达6个月的二次发酵和熟成过程。每周至少要观察一次，看看是否有发霉等现象出现。

保管和饮用 10 step

在室温下进行保管，但是要避开阳光直射的环境和热气。饮用时，酵素发酵液和饮用水的比例可以是1 ∶ 3，也可以根据个人的喜好进行调整。如果熟成的过程已经结束了，但是想停止发酵维持原味的话，就需要冷藏。

请不要使用超过50℃的热水进行冲泡。

一道食谱 RECIPE

可以利用木瓜酵素制作好吃的酱汁，搭配着新鲜的蔬菜一起吃的话，味道会更好。

萝卜酵素

在韩国，萝卜跟白菜、辣椒一起并称三大蔬菜。随着佛教在韩国的传播，萝卜也在三国时代传入了韩国，并且开始用于栽培。在韩国的蔬菜中，目前萝卜的栽培面积是最大的，达5万公顷，年产量高达220万吨。除了家家饭桌上必不可少的萝卜泡菜之外，萝卜也是做汤时必不可少的材料。萝卜里面特有的淀粉降解酶可以促进食物的消化和吸收，丰富的植物性纤维素可以帮助清除体内的废弃物。

KBS TV《想问就问》中介绍家庭必备的萝卜酵素

有一次，我去忠清南道旅行，顺便去龙贤自然修养林住了一晚。我上午10点左右出发，观赏了摩崖三尊佛像和修德寺之后，去修养林放下了行李。我从家里出发的时候就觉得身体有些不舒服，但是感觉应该很快就会好起来，应该没什么大问题，所以就没放在心上。我和同行的人在住宿的地方喝了一会儿酒之后，就带着醉意进入了梦乡。

大概过了三四个小时，我非常痛苦地从睡梦中醒了过来，只觉得头非常疼，四肢无力，好像还有点儿发烧，嗓子也被痰堵住了，憋得难受。我看了一眼时间，刚刚凌晨3点。我感觉自己好像是得了重感冒。

跟我一起来的朋友发现了我的异常，于是立即用做汤剩下的萝卜块给我榨了一杯萝卜汁。他说这是小时候感冒的时候，他奶奶经常用的偏方。我喝了萝卜汁后2个小时，感觉嗓子好像通畅了，不再憋得慌了，昏昏沉沉的脑袋也变得清醒了一些，烧也退了不少，总之觉得身体轻松了不少。多亏了朋友的偏方，我才顺利地度过了一个晚上。

萝卜里含有刺激黏膜的黑芥子苷成分，可以起到化痰的作用，同时还可以清除鼻腔里面的肿胀和热气，起到消炎的作用。据说，萝卜对治疗消化不良也有一定的效果。经过这件事情后，我们家的冰箱里便时刻准备着萝卜。

制作萝卜酵素

Step 1 购买主要材料（萝卜800g）

到了萝卜成熟的时候，可以在市场或超市里购买，也可以直接在农场里栽种。

Step 2 加工主材料

挑选新鲜的萝卜，放在清水中浸泡10分钟，然后清洗干净。把萝卜上的水分清除干净，然后切成适当的大小。如果切成条状的话，会得到更多的发酵液。也可以用榨汁机把萝卜搅碎，还可以把萝卜缨一起放进去。

Step 3 准备砂糖（白砂糖800g，主要材料：白砂糖的比例是1 ： 1）

称一下准备好的萝卜的重量，然后准备相等重量的白砂糖。

Step 4 腌制

把准备好的萝卜和60%的白砂糖均匀地混合起来，然后装进容器里。用力压实萝卜，使主材料和砂糖更好地混合，这样一来，发酵也能进行得更加顺畅。装好后，将剩余的40%的砂糖全部都倒入容器里面。

Step 5 密封容器口，并且贴上标签

如果是带有螺纹式盖子的容器，就先用力拧紧盖子，再稍微往回拧一点。如果没有螺纹式的盖子，就用布块或者是高丽纸将容器口密封，然后再用绳子绑紧。将主材料的名字、腌制的日期和材料的功效等内容全部都记录到标签上，然后贴在容器上。

Step 6 初期管理（15日）

当材料上方覆盖的砂糖溶化了一半左右后，每天都需要上下晃动容器，使底部的砂糖也能更好地溶化。这个过程要一直进行到所有的砂糖全部都溶化为止，大概需要15天。

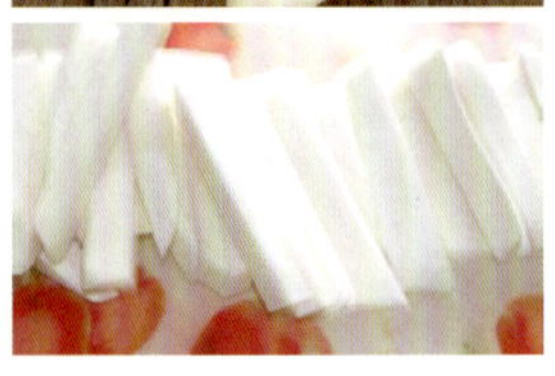

挑选叶子比较绿、坚硬、支根不多的萝卜。根部圆鼓鼓、叶子附近呈绿色的萝卜更好吃。

清洗的时候不要使用醋，洗干净之后放在阴凉通风处晾干。

填满容器的80%即可，注意不要使用完全密封的容器。

注意不要让水和异物进入发酵液中，因为水和异物在日后会引发腐烂现象。

请不要使用超过50℃的热水进行冲泡。

发酵第一阶段（6个月） 7 step

把容器放在室内阴凉处，避免被阳光直射。从腌制的第一天开始，要进行长达180天的发酵过程，在这期间，要保持主材料完全浸没在发酵液里，这是非常关键的。只有这样，才能防止发霉和腐烂现象的出现，所以要适当地摁压主材料，使其完全浸泡在发酵液中，如果无法摁压的话，那么在整个发酵过程结束之前，至少一周要搅拌一次。

过滤 8 step

发酵第一阶段结束后，用过滤网对发酵液进行过滤，将过滤后的发酵液放入另一个容器中。过滤后剩下的固体成分可以用来制作萝卜酵素醋、萝卜酵素酱菜等。

发酵第二阶段和熟成（6个月） 9 step

将过滤后的萝卜发酵液装入其他容器中，进入长达6个月的二次发酵和熟成过程。每周至少要观察一次，看看是否有发霉等现象出现。

保管和饮用 10 step

在室温下进行保管，但是要避开阳光直射的环境和热气。饮用时，酵素发酵液和饮用水的比例可以是1 ∶ 3，也可以根据个人的喜好进行调整。如果熟成的过程已经结束了，但是想停止发酵，维持原味的话，就需要冷藏。

一道食谱 RECIPE

把萝卜酵素、清酒和生姜汁混合起来，在做肉类、鱼类料理的时候可以用来调味。

帮你排出体内的钠

韭菜酵素

韭菜是饭桌上常见的蔬菜，不仅富含维生素A，还有丰富的钙、叶红素和铁等。此外，韭菜还是一种具有显著的排钠作用的蔬菜。在韩国韭菜是饭桌上的常客，用韭菜制作的韭菜饼是我的最爱。

OBS TV《Olive Show》介绍可以作为天然调料的韭菜酵素

有一次，因为同学聚会，我去了全罗北道益山市，顺便去了北部市场参观了传统的市场。每次去益山市的时候，我都会在北部市场里买很多价格便宜的优质农产品。市场四周到处都是卖各种嫩苗的老奶奶，我吃了一碗只有在集日时才会卖的炸酱面之后，在市场里转了一圈，买了豆子、黏米和各种野菜，然后去了朋友家里。

我的朋友主要种大米，有时候，他还会空出一小块地搭建塑料棚种韭菜。虽然寒冷的冬天已经过去了，春天已经开始了，但是3月的风依旧很凉。看到温暖的塑料棚里充满生机的韭菜后，我的心情一下子变得非常好。

晚上，我和朋友一家人一起吃了晚饭，满桌都是用韭菜做成的小菜，既有凉拌韭菜，也有韭菜饼、韭菜汤和生韭菜等。我吃完饭后，朋友端来了茶水，茶水的颜色非常奇妙。朋友说这是把去年制作的韭菜酵素和温水冲在一起做的茶。我一下子想起来了，去年这个时候，我劝朋友说“用你自己种的韭菜做酵素试试吧”，原来这就是在我的劝说下得到的产物啊。

在朋友家睡了一晚后，我高兴地踏上了回家的路。朋友给了我几把自己种的韭菜，看来农民们总想把自己的心意跟其他人分享。回到家之后，我一点都不觉得疲劳，立即开始制作韭菜酵素，生怕满含朋友心意的礼物会枯萎。

制作韭菜酵素

Step 1 **购买主要材料（韭菜800g）**

在韭菜成熟的季节，在市场或者超市里很容易就能买到新鲜的韭菜。最好是挑选有机农产品，而且要挑选叶子鲜绿、嫩生生的韭菜。

Step 2 **加工主材料**

把韭菜里掺杂的杂物和枯萎的部分摘掉，然后用清水洗干净。洗干净之后，把上面的水分清除干净，然后切成3㎝长。

Step 3 **准备砂糖（白砂糖800g，主要材料：白砂糖的比例是1 ：1）**

称一下准备好的韭菜的重量，然后准备相等重量的白砂糖。

Step 4 **腌制**

把韭菜和60%的白砂糖均匀地混合在一起，然后装入容器中。装好后，把剩余的40%的白砂糖洒在上面。

Step 5 **密封容器口，并且贴上标签**

如果是带有螺纹式盖子的容器，就先用力拧紧盖子，再稍微往回拧一点。如果没有螺纹式的盖子，就用布块或者是高丽纸将容器口密封，然后再用绳子绑紧。将主材料的名字、腌制的日期和材料的功效等内容全部都记录到标签上，然后贴在容器上。

Step 6 **初期管理（15日）**

当材料上方覆盖的砂糖溶化了一半左右后，每天都需要上下晃动容器，使底部的砂糖也能更好地溶化。这个过程要一直进行到所有的砂糖全部都溶化为止，大概需要15天。

Step 7 **发酵第一阶段（6个月）**

把容器放在室内阴凉处，避免被阳光直射。从腌制的第一天开始，要进行长达180天的发酵过程，在这期间，要保持主材料完全浸没在发酵液里，这是非常关键的。只有这样，才能防止发霉和腐烂现象的出现，所以要适当地摁压主材料，使其完全浸泡在发酵液中，如果无法摁压的话，那么在整个发酵过程结束之前，至少一周要搅拌一次。

清洗的时候不要使用醋，放在阴凉通风处晾干。

填满容器的80%即可，注意不要使用完全密封的容器。

注意不要让水和异物进入发酵液中，因为水和异物会成为日后出现腐烂现象的原因。

请不要使用超过50℃的热水进行冲泡。

过滤 8 step

发酵第一阶段结束后，用过滤网对发酵液进行过滤，将过滤后的发酵液放入另一个容器中。过滤后剩下的固体成分可以用来制作韭菜酵素醋、韭菜酵素酒和韭菜酵素酱菜等。

发酵第二阶段和熟成（6个月） 9 step

将过滤后的韭菜发酵液装入其他容器中，进入长达6个月的二次发酵和熟成过程。每周至少要观察一次，看看是否有发霉等现象出现。

保管和饮用 10 step

在室温下进行保管，但是要避开阳光直射的环境和热气。饮用时，酵素发酵液和饮用水的比例可以是1 ∶ 3，也可以根据个人的喜好进行调整。如果熟成的过程已经结束了，但是想停止发酵维持原味的话，就需要冷藏。

一道食谱 RECIPE

韭菜酵素是一种带有浓郁香气的调料酵素，在制作各种肉类料理或者是炒海鲜、海鲜醋拌菜的时候，添加一些韭菜酵素的话，即使没有特别的调料，味道也会非常好。

对久治不愈的慢性胃肠疾病有特效

卷心菜酵素

学名结球甘蓝，是一种常见蔬菜。约90%的成份为水，富含维生素C，在世界卫生组织推荐的最佳食物中排名第三。生卷心菜富含维生素C、维生素B6、叶酸和钾，是钾的良好来源。因为卷心菜富含叶酸，所以，怀孕的妇女及贫血患者应当多吃。卷心菜对防衰老、抗氧化有显著效果，因此也是重要的美容蔬菜。

卷心菜能提高人体免疫力，预防感冒。卷心菜中含有某种溃疡愈合因子，对溃疡有着很好的治疗作用，能加速创面愈合，是胃溃疡患者的有益食品。多吃卷心菜，还可增进食欲，促进消化，预防便秘。

KBS TV 介绍对肠胃有益的卷心菜酵素

我们一家人的肠胃都不是很好，这是先天性的问题。我在27岁的时候得了胃肠病。我之前经常抽烟喝酒，所以肠胃肯定不会健康。结婚后，我做了内视镜检查，发现自己已经得了慢性胃肠道疾病。“慢性”是一个非常可怕的词语。之后我的胃肠道疾病就不停的在治愈和复发中循环往复。我以为已经稳定了，但是只要一喝咖啡或者是吃泡菜，胃里就会感到难受，疼痛难忍。

我就是在这个过程中了解了卷心菜。有一天，电视上播放了一个与卷心菜汁液功效有关的临床实验。参加实验的人每人喝了一杯卷心菜汁，然后进行了内视镜观察，原本通红、充血的胃内壁慢慢稳定了下来，并且渐渐恢复了正常。我看了之后，惊讶地睁大了眼睛。于是我立即去买了榨汁机和卷心菜。从那之后，我就开始频繁地喝卷心菜汁。结果让我非常满意，原本吃药都没有任何效果的慢性胃肠道疾病，喝了3天卷心菜汁之后，竟然开始慢慢好转起来。

从那以后，我不再吃药，而是每天喝四次卷心菜汁。空腹喝三杯，睡前喝一杯。过了三个月后，我不仅可以喝咖啡，而且还可以放心地吃其他食物了。卷心菜让我重新找回了吃东西的乐趣。

最近，我每天早晨都会喝一杯卷心菜汁。而且，我还制作了卷心菜酵素，只要想喝就可以喝到。卷心菜治好了我的慢性胃肠道疾病，让生活重新变得幸福起来。我们的身边到处都是这样可以恢复身体基本机能的天然食材，只有了解的人才懂得利用。

制作卷心菜酵素

Step 1 购买主要材料（卷心菜800g）

可以直接在周末农场里栽培卷心菜，也可以在卷心菜成熟的季节，去市场或者超市购买。最好是挑选有机农产品。

Step 2 加工主材料

挑选新鲜的卷心菜，放在清水中浸泡10分钟后洗干净。清除卷心菜上面的水分之后切成细条。

Step 3 准备砂糖（白砂糖800g，主要材料：白砂糖的比例是1 ： 1）

称一下准备好的卷心菜的重量，然后准备相等重量的白砂糖。

Step 4 腌制

把切好的卷心菜和60%的白砂糖均匀地混合起来，然后装入容器里。用力压实卷心菜，使主材料和砂糖更好地混合，这样一来，发酵也能进行得更加顺畅。装好之后，将剩余的40%的砂糖全部都倒入容器里。

Step 5 密封容器口，并且贴上标签

如果是带有螺纹式盖子的容器，就先用力拧紧盖子，再稍微往回拧一点。如果没有螺纹式的盖子，就用布块或者是高丽纸将容器口密封，然后再用绳子绑紧。将主材料的名字、腌制的日期和材料的功效等内容全部都记录到标签上，然后贴在容器上。

Step 6 初期管理（15日）

当材料上方覆盖的砂糖溶化了一半左右后，每天都需要上下晃动容器，使底部的砂糖也能更好地溶化。这个过程要一直进行到所有的砂糖全部都溶化为止，大概需要15天。

Step 7 发酵第一阶段（6个月）

把容器放在室内阴凉处，避免被阳光直射。从腌制的第一天开始，要进行长达180天的发酵过程，在这期间，要保持主材料完全浸没在发酵液里，这是非常关键的。只有这样，才能防止发霉和腐烂现象的出现，所以要适当地摁压主材料，使其完全浸泡在发酵液

挑选圆鼓鼓、顶部圆滑、最外面的叶子呈深绿色的卷心菜。

清洗的时候不要使用醋，放在阴凉通风处晾干。
如果担心出现腐烂等现象，可以增加10%左右的砂糖量。

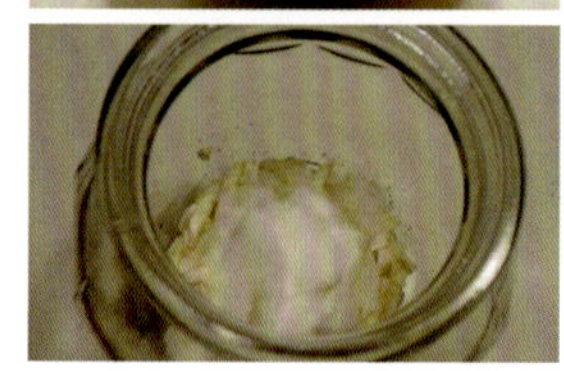

填满容器的80%即可，注意不要使用完全密封的容器。
进行初期管理的时候，用干净的木制或者塑料制的大勺子进行搅拌。

如果把材料压入发酵液中的话，卷心菜酵素就不会发出难闻的味道了。注意不要让水和异物进入发酵液中，因为水和异物在日后会引发腐烂现象。

请不要使用超过50℃的热水进行冲泡。

中，如果无法摁压的话，那么在整个发酵过程结束之前，至少一周要搅拌一次。

过滤 8 step

发酵第一阶段结束后，用过滤网对发酵液进行过滤，将过滤后的发酵液放入另一个容器中。过滤后剩下的固体成分可以用来制作卷心菜酵素醋、卷心菜酵素酱菜等。

发酵第二阶段和熟成（6个月） 9 step

将过滤后的卷心菜发酵液装入其他容器中，进入长达6个月的二次发酵和熟成过程。每周至少要观察一次，看看是否有发霉等现象出现。

保管和饮用 10 step

在室温下进行保管，但是要避开阳光直射的环境和热气。饮用时，酵素发酵液和饮用水的比例可以是1∶3，也可以根据个人的喜好进行调整。如果熟成的过程已经结束了，但是想停止发酵维持原味的话，就需要冷藏。

一道食谱 RECIPE

当胃不舒服的时候，可以饮用卷心菜酵素。在做肉类料理的时候添加卷心菜酵素，可以有效地促进消化。

甜甜的维C的香气

橘子酵素

橘子是一种温带水果，在韩国，橘子的主要产地是济州岛。橘子在朝鲜时期被看作是非常贵重的贡品，听说如果济州岛进贡橘子的话，为了进行庆祝，成均馆和首尔的东、西、南、中4所学校的儒生们就会进行特别的科举考试，并且将珍贵的橘子分给他们中成绩优异的人。橘子里不仅富含维生素C，还有丰富的维生素P。不仅可以促进新陈代谢，让皮肤变得更有弹性，而且还具有预防冬季感冒的作用。

OBS 京仁TV《金媛熙的对手》中介绍具有减肥效果的橘子酵素

我有一个非常亲近的朋友，以前曾经遭遇过事业失败的挫折，那个时候的他连租房子的钱都没有了，我当时给予了他一点金钱上的帮助。虽然我说是借钱给他，但是根本就没有想要他还。深秋的某一天，他们夫妇两人突然来到我家，两个人的脸色都非常好。他们递给我一箱橘子和一个装钱的信封，说是感谢我给他们提供的帮助。我真的感到非常高兴，因为朋友又重新站起来了。

我用他们送给我的橘子做了酵素，到现在已经2年了。使用的是白砂糖，橘子和白砂糖的比例是1 ∶ 1。橘子是水分较多的水果，制作酵素时比较容易腐烂，所以曾考虑用1 ∶ 1.2的比例来制作，但考虑到橘子中也含有一定的糖分，所以最终还是选择了平均值。一开始时并没有出现鲜明的颜色变化，我非常担心。但是，随着时间一天天过去，2年后橘子酵素的颜色变得非常好看，味道也非常干净，没有任何杂味。

制作橘子酵素

Step 1 购买主要材料（橘子800g）

在市场或者超市里很容易就可以买到新鲜的橘子。最好是挑选果皮较薄、坚硬、沉重的橘子做酵素材料。

Step 2 加工主材料

用清水把橘子洗干净。如果是环保有机农产品的话，果皮也可以做材料，洗干净后，清除橘子上面的水分，然后切成适当的大小准备好。如果是一般的橘子，把果皮剥掉之后制作出来的酵素更健康。

如果担心会出现腐烂等现象的话，可以增加10%左右的砂糖量。

Step 3 准备砂糖（白砂糖800g，主要材料：白砂糖的比例是1 ∶ 1）

称一下准备好的橘子的重量，然后准备相等重量的白砂糖。考虑到橘子里面含有糖分，可以按照1 ∶ 1的比例来制作酵素，但是因为橘子是一种水分较多的水果，所以也可以多添加一些砂糖。

Step 4 腌制

把切成片的橘子和60%的白砂糖均匀地混合起来，然后装进容器里。用力压实橘子，使主材料和砂糖更好地混合，这样一来，发酵也能进行得更加顺畅。装好之后，将剩余的40%的砂糖全部都倒入容器里面。

填满容器的80%即可。

因为橘子酵素中产生霉菌的概率比较高，所以在制作的过程中，搅拌的频率要大于其他酵素。

Step 5 密封容器口，并且贴上标签

如果是带有螺纹式盖子的容器，就先用力拧紧盖子，再稍微往回拧一点。如果没有螺纹式的盖子，就用布块或者是高丽纸将容器口密封，然后再用绳子绑紧。将主材料的名字、腌制的日期和材料的功效等内容全部都记录到标签上，然后贴在容器上。

Step 6 初期管理（15日）

当材料上方覆盖的砂糖溶化了一半左右的时候，每天都需要上下晃动容器，使底部的砂糖也能更好地溶化。这个过程要一直进行到所有的砂糖全部都溶化为止，大概需要15天。用水分含量较多的橘子制作酵素时，底部会堆积很多白砂糖，所以进行初期管理的时候，上面的砂糖溶化的速度会比较快，应该要特别注意。

注意不要让水和异物进入发酵液中，因为水和异物在日后会引发腐烂现象。

请不要使用超过50℃的热水进行冲泡。

发酵第一阶段（6个月） 7 step

把容器放在室内阴凉处，避免被阳光直射。从腌制的第一天开始，要进行长达180天的发酵过程，在这期间，要保持主材料完全浸没在发酵液里，这是非常关键的。只有这样，才能防止发霉和腐烂的现象出现，所以要适当地摁压主材料，使其完全浸泡在发酵液中，如果无法摁压的话，那么在整个发酵过程结束之前，至少一周要搅拌一次。

过滤 8 step

发酵第一阶段结束后，用过滤网对发酵液进行过滤，将过滤后的发酵液放入另一个容器中。过滤后剩下的固体成分可以用来制作橘子酵素醋、橘子酵素酒、橘子酵素茶和橘子酵素果酱等。

发酵第二阶段和熟成（6个月） 9 step

将过滤后的橘子发酵液装入其他容器中，进入长达6个月的二次发酵和熟成过程。每周至少要观察一次，看看是否有发霉等现象出现。

保管和饮用 10 step

在室温下进行保管，但是要避开阳光直射的环境和热气。饮用时，酵素发酵液和饮用水的比例可以是1 ：3，也可以根据个人的喜好进行调整。如果熟成的过程已经结束了，但是想停止发酵维持原味的话，就需要冷藏。

一道食谱 RECIPE

可以利用橘子酵素简单地制作辣椒酱。按照适当的浓度把辣椒粉、味噌大酱、橘子酵素、糖稀和食盐均匀地混合起来，就成了美味的橘子辣椒酱了。